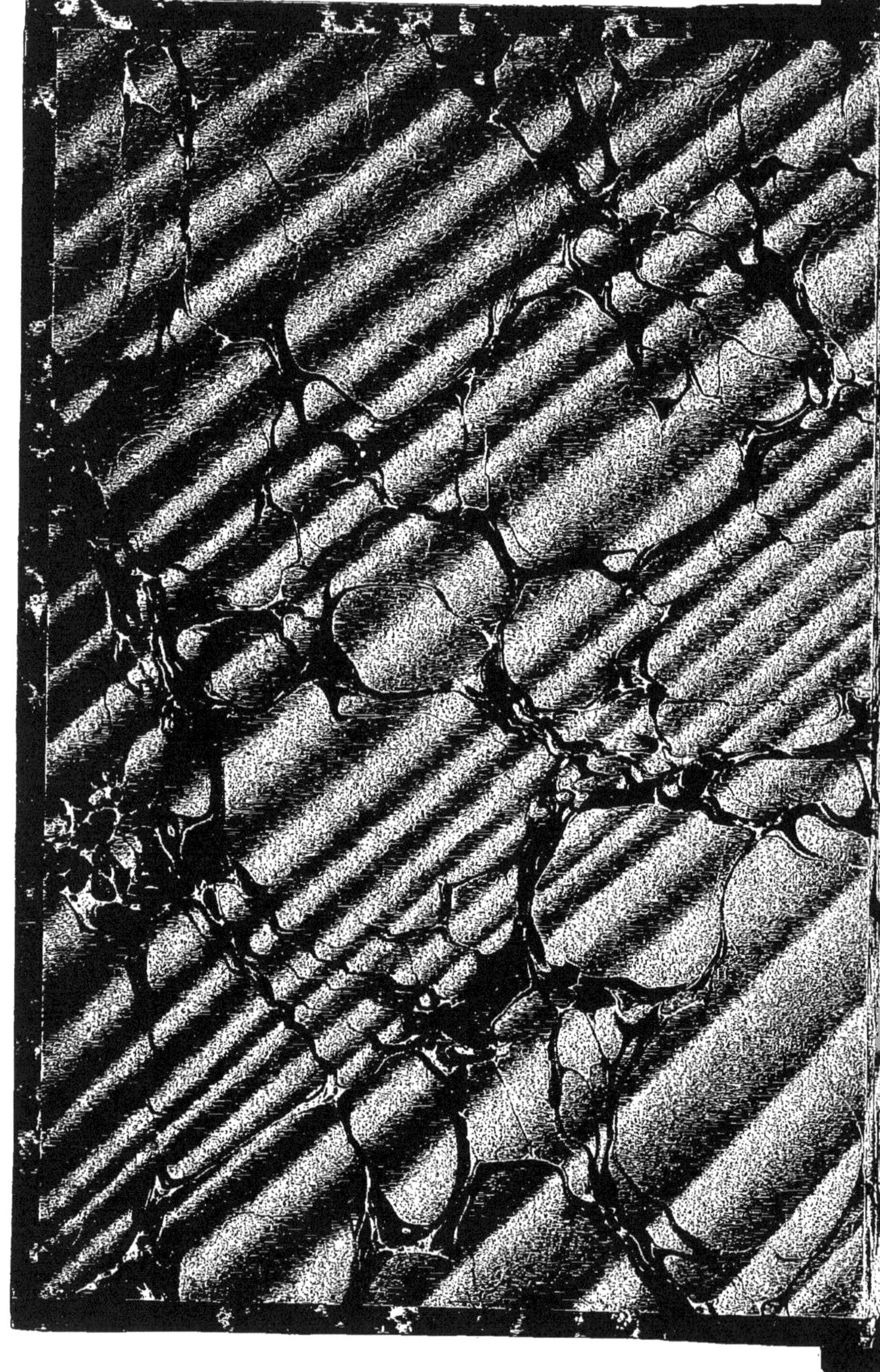

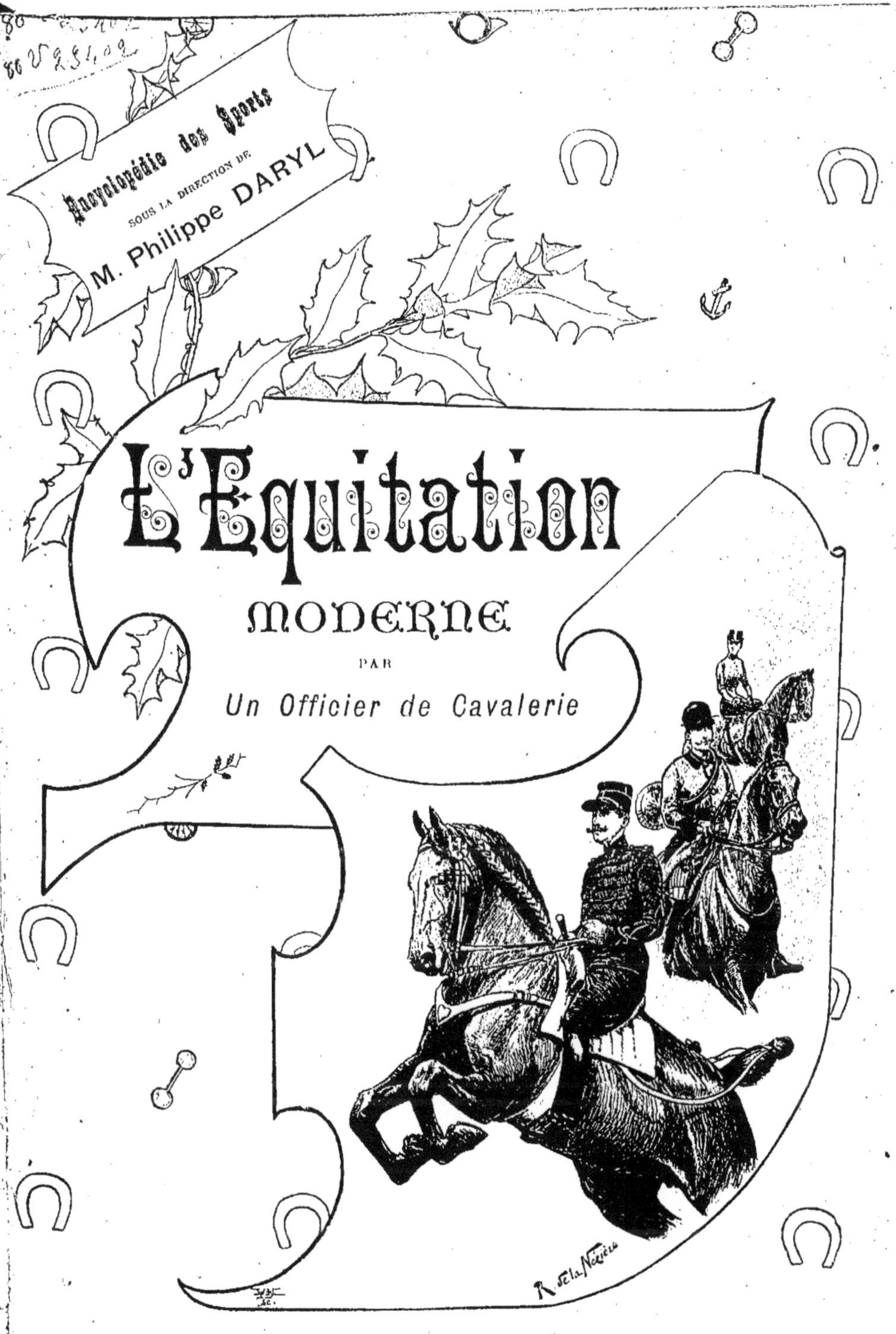

PARIS
LIBRAIRIES-IMPRIMERIES RÉUNIES
7, rue Saint-Benoît
MAY ET MOTTEROZ, Directeurs
1892

L'ÉQUITATION

MODERNE

C.MOTTEROZ

ENCYCLOPÉDIE DES SPORTS

SOUS LA DIRECTION DE

M. PHILIPPE DARYL

L'ÉQUITATION MODERNE

PAR

UN OFFICIER DE CAVALERIE

PARIS
LIBRAIRIES - IMPRIMERIES RÉUNIES
7, rue Saint-Benoît
MAY ET MOTTEROZ, Directeurs
1892

Les chevaux en liberté.

PRÉCIS HISTORIQUE

On comprend sous le nom d'*équitation* l'ensemble des moyens propres à monter le cheval, à le dominer et à le conduire.

Dès la plus haute antiquité l'équitation a été cultivée et tout porte à croire que cet art a pris naissance en Asie centrale, dans le pays d'origine du cheval. Plus tard, quand le noble animal fut introduit dans les contrées avoisinantes, l'art de monter à cheval l'y suivit.

Dans ces temps reculés, certains peuples de l'Afrique septentrionale, tels que les Numides, avaient des armées composées presque exclusivement de cavaliers; leur célébrité a traversé les siècles. On cite encore la cavalerie persane comme remarquable et nombreuse.

Malgré les écrits sur l'équitation laissés par Timon d'Athènes et Xénophon, il est certain que les Grecs et les Romains montaient à cheval par instinct seulement, mais sans principes. L'usage de la selle et des étriers leur était inconnu. Ils sautaient à cheval et montaient à cru à la façon des Numides; tout au plus plaçaient-ils sur le dos de leur monture une couverture de laine ou de cuir.

Au moyen âge, comme dans l'antiquité, l'équitation ne fut qu'une pratique purement empirique. Au quinzième siècle seulement elle devint un art, et c'est en Italie, à Padoue, que fut fondée la première académie d'équitation. Devenue rapidement illustre, cette académie posa les premiers principes de l'art équestre qui nous ont été transmis. Plus tard l'académie de Naples lui succède et c'est à l'époque de la Renaissance que l'art de l'équitation est introduit en France par Frédéric Grison, gentilhomme napolitain.

Les chevaux qu'on montait alors étaient de grande taille, lourds, pour pouvoir porter des cavaliers bardés de fer, placés sur l'enfourchure. Dans les tournois, si fort en honneur en ces temps, les palefrois épais et lymphatiques avaient besoin, pour exécuter des mouvements impétueux, de l'action violente de l'éperon. Frédéric Grison préconise ce moyen, et il recommande aussi d'invectiver le cheval par des injures, en criant « d'une voix terrible ». Son enseignement est empreint de férocité; ce ne sont que coups et imprécations : il ne raisonne pas, il frappe.

Au dix-septième siècle apparaît Pluvinel qui inaugure

le système de l'assouplissement du cheval autour d'un pilier, puis entre deux piliers. Il donne la première définition du *rassembler*.

Un Anglais, le marquis de Newcastle, veut à cette époque réformer l'équitation, et renonce à l'emploi des piliers; il dit, en substance, que tout dépend du *placer* de la tête du cheval. Pour arriver à son but, il se sert d'un caveçon et pousse très loin l'assouplissement de l'encolure. On peut citer encore, pour mémoire, deux écuyers, La Broue et Gaspard Saulnier, qui vivaient vers cette période; puis nous arrivons à l'École de Versailles, qui fut la plus haute expression de l'art équestre et dont l'autorité s'étendit par toute l'Europe. C'était même plutôt une académie qu'une École d'équitation. Le plus illustre représentant de cette École est La Guérinière; ce fut un réformateur. Il supprima beaucoup d'airs de manège en conservant seulement quelques airs relevés tels que la croupade, la cabriole, etc. Dans le harnachement il fit disparaître le troussequin de la selle à piquer et les battes. Quant au cavalier, il voulut qu'il eût une position régulière à cheval, basée sur l'équilibre, néanmoins; celle qu'il préconisait se ressentait encore des anciens maîtres, avec ses jarrets trop tendus et son assiette réduite à l'enfourchure. L'assouplissement des épaules et des hanches, qu'il recommandait, faisait obtenir une grande légèreté de bouche; enfin il ébauchait la flexion d'encolure. Il sut d'ailleurs démêler et il déclare avec raison, dans son traité, qu'aucune méthode n'est rigoureusement applicable à tous les chevaux.

Sous les deux d'Abzac, l'École de Versailles suit la méthode de La Guérinière ; mais ils suppriment les airs

Académie d'équitation de Versailles.

relevés et trides, et ils cherchent à développer les allures par la liberté laissée au cheval de se porter en avant en allongeant l'encolure et en prenant un point d'appui sur la main.

Parallèlement fonctionne l'École de Saumur, fondée en 1764; mais l'équitation y est renfermée dans des limites exclusivement militaires, tout en imitant l'École de Versailles par ses écuyers, dont les plus connus sont les Dupaty, les Clarke, les d'Auvergue, les La Balme, etc.

Pendant la Révolution et l'Empire l'équitation semble disparaître; les Écoles de Saumur et de Versailles sont fermées. En 1796, une nouvelle école est fondée à Versailles, mais elle ne donne pas de résultats. Napoléon la transfère en 1809 à Saint-Germain, et il crée aussi des Écoles d'équitation pour la jeunesse à Angers et à Lunéville; mais il se heurte, dans ses efforts pour former de brillants officiers de cavalerie, à de grandes difficultés.

L'École de Versailles est rétablie par la Restauration, et le chevalier d'Abzac, représentant de l'ancienne École, en a la direction. Il continue à propager les principes des vieux maîtres, s'en tenant aux mouvements raccourcis. L'École de Saumur est rouverte en 1824, mais elle est spécialement militaire.

L'élève le plus remarquable du chevalier d'Abzac fut le vicomte d'Aure; mais, chose étrange, cet élève qui semblait devoir incarner en lui les dernières traditions de l'École de Versailles est celui qui s'en est le plus écarté [1]. Ennemi de l'équitation savante, sa doctrine pouvait se résumer en ces mots : « En avant ! » Aussi ses leçons étaient-elles très simplifiées et se compo-

(1) L'École de Versailles fut supprimée en 1830.

saient-elles seulement de *doublés*, de *changements* et *contre-changements de main* aux trois allures; quant au travail des deux pistes, il le réservait seulement à quelques élèves de choix, en le faisant exécuter très largement.

École de cavalerie de Saint-Germain.

Si le vicomte d'Aure est une des personnalités les plus éminentes dans les annales de l'équitation française, il ne peut être considéré comme un chef d'école. Toute sa théorie est renfermée dans cette simple formule : « Regardez-moi et faites de même. » Il faut reconnaître, pourtant, qu'il a formé toute une génération d'écuyers remarquables par leur hardiesse, leur tact, leur finesse et leur position élégante. Dans le manège du vicomte d'Aure, les gens du monde recevaient un enseignement pratique et vigoureux, avec des principes suffisants pour utiliser un cheval en toute circonstance. Quant aux mouvements forcés, aux airs de manège, il les avait complètement proscrits, comme nuisant au développement des allures du cheval.

Son enseignement était encore élargi par l'innovation de leçons à l'extérieur du manège; jusque-là on n'en sortait guère. Le résultat des longues courses au dehors, aux allures vives, fut de former des cavaliers hardis et entreprenants dont les qualités purent bientôt être appréciées, car les hippodromes commençaient dès lors à se multiplier en France.

Précisément à l'époque où la supériorité du vicomte d'Aure paraissait incontestable, vers 1835, apparaît un homme dont le nom devait faire grand bruit et soulever des polémiques passionnées : M. Baucher. Sa méthode, qu'il formule avec une netteté et une précision remarquables, est tout l'opposé de celle du vicomte d'Aure. Et voici dans quels termes M. Baucher la résume : « Détruire les forces instinctives et les remplacer par les forces transmises. »

Pour quiconque n'a pas fait une étude approfondie du cheval, cette phrase est à peu près incompréhensible; on peut se demander comment un cavalier peut transmettre des forces à son cheval après avoir anéanti celles qu'il possédait. Cependant M. Baucher a rempli le programme qu'il s'était imposé, et il a pleinement réussi! Par quels moyens? En poussant très loin l'assouplissement de la mâchoire et de l'encolure au moyen de flexions isolées et combinées de chacune de ces parties, puis par des pirouettes et du reculer pour assouplir l'arrière-main. Il faut ajouter que M. Baucher jouissait d'une finesse, d'un tact et d'un sentiment du cheval tout à fait exceptionnels et que, s'il a réussi, il a réussi seul dans ce qu'on pourrait appeler la synthèse équestre.

On cite encore aujourd'hui les noms des chevaux les

plus remarquables avec lesquels M. Baucher a obtenu des résultats surprenants de dressage, — qu'il avait « bauchérisés » selon l'expression consacrée. Ce sont : *Partisan*, *Capitaine*, *Neptune*, *Topaze* et *Buridan*. Mais il n'appartenait qu'à lui de monter avec une grâce aussi parfaite de pareils chevaux.

La méthode Baucher, que nous n'avons pas le loisir d'exposer plus amplement, est une arme dangereuse pour qui en connaît mal le maniement : lui-même, il l'a parfaitement définie en disant : « C'est un rasoir dans les mains d'un singe. » En somme, nul n'a pu arriver à imiter l'exécution du maître, et, lui disparu, il n'est resté qu'une méthode que seul il était capable de mettre en pratique.

Les deux Écoles, celle du vicomte d'Aure et celle de M. Baucher, ont longtemps divisé les hommes de cheval, et ces divergences sont loin d'avoir disparu aujourd'hui. Cependant c'est la méthode enseignée par le vicomte d'Aure qui a prévalu, comme étant mieux appropriée aux besoins de l'équitation contemporaine en France, et aussi comme plus pratique et plus simple.

Procédant de l'ancienne École de Versailles, cette académie d'équitation dont les principes immuables avaient résisté à tous les bouleversements, l'École de Saumur a gardé la bonne tradition. Les préceptes de Versailles y ont été rajeunis, il est vrai, et mis en harmonie avec les besoins du présent ; mais l'enseignement équestre est toujours basé sur les leçons des vieux maîtres, qui ont été ceux du vicomte d'Aure.

Toutefois il ne faut pas oublier que l'École de Saumur a constamment marché dans la voie du progrès sous l'habile direction de ses chefs; l'introduction du cheval de pur sang au manège, d'où on l'avait longtemps systématiquement exclu, a été une innovation des plus heureuses, et les résultats obtenus ont justifié pleinement cette mesure, due à l'initiative de M. le général Thornton et du colonel de Lignières. Aujourd'hui les écuries du manège contiennent plus de cent quatre-vingts chevaux ou juments de pur sang dont la plupart ont couru et plusieurs ont remporté des prix.

Sous l'habile impulsion donnée par des écuyers tels que MM. le général Lhotte, les lieutenants-colonels Piétu et de Bellegarde, l'École de Saumur est restée une académie d'équitation dont on ne trouve l'équivalent en aucun pays. Le carrousel donné tous les ans par les écuyers et élèves de l'École résume de la plus brillante façon le travail de l'année; on ne peut faire mieux.

L'École de Saumur, tout en respectant les anciens principes de l'École de Versailles, a adopté insensiblement une nouvelle manière plus moderne et aussi plus pratique. Cette modification s'est accomplie peu à peu, suivant les tendances du moment. L'équitation savante de jadis, par exemple, n'est plus pratiquée que par quelques rares et marquantes personnalités; elle n'est plus en concordance avec les goûts du jour, avec l'esprit régnant. L'équitation à l'extérieur, en revanche, a pris une plus grande extension, et on la pratique largement aujourd'hui, sans négliger pour cela le travail du manège. La « manière anglaise » même s'est introduite, mais c'est surtout dans l'équitation de courses ou de chasse qu'elle est en honneur parmi les officiers de Saumur et les gens du monde.

L'équitation au moyen âge.

La ruade (ch. xv, *Défenses du cheval*).

VOCABULAIRE ABRÉGÉ

D'ÉQUITATION

Il y a des termes employés dans le langage hippique qu'il est indispensable de connaître; nous avons pensé qu'il serait commode de les réunir en les classant par ordre alphabétique, pour les personnes qui veulent être initiées à l'art de l'équitation.

A

Abandonner un cheval. — C'est relâcher complètement les rênes soit de pied ferme, soit en marchant.

Accord. — C'est la parfaite harmonie qui doit exister entre la main et les jambes du cavalier.

Acculement. — Mouvement d'un cheval qui, reculant sur un mur, y reste opiniâtrément attaché; on dit aussi qu'un cheval est *ac-*

culé quand il fait refouler tout son poids sur l'arrière-main ; c'est par là que commencent les défenses.

A-coup. — Action saccadée et soudaine de la main et des jambes du cavalier.

Aides (Les). — Sont constituées par *la main, les jambes* et *l'assiette ;* elles servent à faire comprendre au cheval ce que le cavalier lui demande ; l'accord de ces trois forces doit toujours exister.

Airs de manège. — Se divisent en *airs bas* et *airs relevés.* Les *airs bas* constituent la *haute école*, c'est-à-dire les mouvements que l'on fait exécuter au cheval sur deux pistes, au pas, au passage, au galop, plus le *piaffer*. Les *airs relevés* sont des sauts dans lesquels le cheval enlève ses membres soit par deux, soit tous à la fois. Les principaux sont : la *pesade*, la *courbette,* la *croupade*, la *ballottade*, la *cabriole*, etc. Peu employés aujourd'hui, sauf dans les cirques, les airs relevés sont d'une exécution difficile et dangereuse, parce qu'ils conduisent le cheval à la rétivité lorsqu'ils ne sont pas très bien réglés. Baucher a inventé encore trente et un *airs* nouveaux ; citons les principaux : reculer au galop ; reculer au trot ; arrêter sur place à l'aide des éperons, le cheval étant au galop ; changement de pied au temps ; passage instantané du piaffer lent au piaffer précipité, etc., etc. Ajoutons que le maître a exécuté toutes ces difficultés en public.

Animer un cheval. — C'est soutenir par la jambe et au besoin par l'éperon les actions du cheval.

Appui. — Consiste dans la façon dont la bouche du cheval se porte sur la main, qui doit être en relation constante avec elle.

Armer (S'). — Est l'action d'un cheval qui se défend contre l'effet du mors, soit en raidissant son encolure, soit en *portant au vent* ou en *s'encapuchonnant.*

Arrêt. — Passage de l'action à l'immobilité.

Arrière-main. — Comprend toute la partie du cheval qui se trouve en arrière du cavalier, quand il est à cheval.

Assiette. — Est la façon dont le cavalier est assis à cheval; l'assiette est *bonne* ou *mauvaise* suivant que le cavalier est bien ou mal *placé*, d'après les règles définies à ce sujet.

Attaque. — Est l'action qui consiste dans l'application franche des éperons en arrière des sangles, en tournant légèrement la pointe des pieds en dehors.

Avant-main. — S'entend de toute la partie du cheval située en avant du cavalier, lorsqu'il est à cheval.

B

Ballottade. — Air relevé dans lequel le cheval saute en pliant les genoux et les jarrets, et fait voir ses fers sans ruer.

Battre à la main ou encenser. — Termes synonymes qui expriment les secousses que donne le cheval en élevant et en baissant ensuite brusquement la tête.

Battue. — S'entend du bruit provenant du choc du sabot sur le sol, lorsque le cheval est en mouvement.

Bien-mis. — On dit qu'un cheval est *bien mis* lorsqu'il est parfaitement dressé, que la position de la tête et des différentes parties du corps indiquent un parfait équilibre et une obéissance complète à la main et aux jambes.

Bipède antérieur, bipède postérieur. — S'entend des pieds de devant et des pieds de derrière.

Bipède diagonal. — Comprend un pied de devant et un pied de derrière en diagonale. Exemple : bipède diagonal gauche, se compose du pied gauche de devant et du pied droit de derrière.

Bipède latéral. — S'entend d'un pied de devant et d'un pied de derrière d'un même côté, droit ou gauche. On dit : bipède latéral droit, gauche.

Bouche (bonne ou mauvaise). — S'entend de la plus ou moins grande sensibilité des *barres*, sur lesquelles repose le mors de bride.

Bourrer. — Est l'action du cheval qui, tirant à la main, se dirige brusquement et rapidement en avant. On dit qu'un cheval « bourre sur un obstacle », quand il l'aborde trop vite.

Brillant. — On dit qu'un cheval est *brillant* lorsque par son feu, sa vivacité et la noblesse de ses mouvements, il éblouit en quelque sorte. Le *brillant* est inné ou factice, suivant qu'il provient du cheval lui-même ou de l'écuyer qui sait le faire valoir.

Buter. — Choc du sabot contre une aspérité du terrain que le cheval n'évite pas en marchant, ou qui provient de faiblesse des membres.

C

Cabrer (Se). — Se dit d'un cheval qui, au lieu d'avancer, se lève droit sur ses membres postérieurs.

Cabriole ou capriole. — Est le mouvement par lequel le cheval, dans le saut, détache la ruade pendant qu'il est en l'air. Ce mouvement, encore en usage dans les écoles d'équitation, ne se fait en général qu'entre les piliers; il sert à assurer l'assiette de l'élève et à vérifier la souplesse du rein.

Cadence. — Précision des mouvements du cheval se répétant à intervalles égaux, soit qu'il marche au pas, qu'il trotte ou qu'il galope.

Caveçon. — Sorte de licol, dont la muserolle est recouverte d'une bande de fer entourée de cuir et qui est munie d'un anneau à sa partie antérieure. Cet anneau est destiné à recevoir une longe pour faire trotter ou galoper le cheval en cercle. Le caveçon sert aussi comme moyen de contention.

Chambrière. — Est une canne de jonc de deux mètres de long environ à l'extrémité de laquelle on a fixé une lanière de cuir. Sert dans le travail à la longe, pour le dressage.

Changement de main. — Mouvement de manège, se composant du parcours d'une ligne diagonale conduisant d'un angle du manège à l'autre, ou d'une ligne perpendiculaire à deux pistes se terminant par un *à-gauche* ou un *à-droite* suivant que l'on marchait précédemment à main droite ou à main gauche.

Changement de pied. — Est l'action qui consiste à faire passer, sans arrêter, un cheval qui galope sur le pied gauche sur le pied droit ou réciproquement.

Courbette. — Mouvement dans lequel le cheval saute en s'enlevant sur les membres antérieurs et en pliant les genoux, tout en chassant sa masse avec les membres postérieurs de manière à gagner du terrain à chaque bond.

Croupade. — Saut dans lequel le cheval rapproche ses membres postérieurs du ventre, en même temps qu'il ploie les genoux.

Cru (Monter à). — Synonyme de monter à poil, c'est-à-dire sans selle ni couverture.

D

Débourrer un cheval. — Commencer son éducation en rendant ses mouvements souples et liants.

Décousu. — Se dit d'un cheval dont les allures sont irrégulières.

Dedans. — S'entend de tout l'espace compris dans l'intérieur du manège, par rapport au cavalier qui suit la piste, le long du mur.

Dehors. — Tout l'espace compris du côté du mur du manège par rapport au cavalier qui suit la piste.

Démonter. — Action consistant, pour le cheval, à se débarrasser du cavalier par un mouvement brusque.

Descente de main. — Action que le cavalier exécute sur un cheval bien mis, afin de s'assurer de la justesse de son équilibre.

Détraquer. — Un cheval est *détraqué* lorsque le cavalier par sa maladresse a rompu la régularité des allures ou les a désunies. Exemple : un cheval trop poussé dans l'accélération du trot et qui arrive à contracter l'habitude du *traquenard*, allure irrégulière.

Doubler. — Mouvement qui consiste à traverser le manège dans sa longueur ou dans sa largeur par une ligne droite perpendiculaire aux deux pistes opposées et sans changer de main.

Droit. — Un cheval est *droit* lorsqu'il a la tête, les épaules et les hanches sur la même ligne.

E

Écart. — Saut de côté plus ou moins violent par lequel le cheval s'éloigne d'un objet qui lui fait peur.

Échapper. — Laisser échapper son cheval, c'est lui rendre la main suffisamment pour qu'il prenne un galop plus rapide.

Emboucher un cheval. — Action qui consiste à lui mettre le mors dans la bouche. Un cheval est *bien embouché* lorsque l'ouverture du mors est en rapport avec la largeur de la bouche et qu'il est bien ajusté sur les barres.

Encapuchonner (S'). — Position que prend la tête de certains chevaux qui, en la baissant, la rapprochent du poitrail par sa partie inférieure.

Éperon. — Instrument en fer ou en acier qui sert en équitation comme *aide* ou comme *moyen de châtiment* du cheval.

F

Faux. — Un cheval est *faux* quand il galope sur le pied droit en tournant à gauche, et réciproquement.

Fond. — On dit qu'un cheval *a du fond* lorsqu'il supporte facilement une course longue et rapide à la fois.

Foulée. — Terrain couvert et empreinte faite par le pied du cheval en mouvement.

Franc. — Un cheval est *franc* lorsqu'il est bien confirmé dans le mouvement en avant, qu'il se livre sans hésitation au pas, au trot et au galop.

G

Gaieté. — On dit d'un cheval qu'il a de la gaieté, quand il montre du feu et de la vivacité.

Galop. — C'est l'allure la plus rapide du cheval, dans laquelle la partie antérieure se lève la première et a une plus grande hauteur que la partie postérieure. Il y a trois sortes de galops : le galop *ordinaire*, le galop *de manège* et le galop *allongé*.

Grandir. — On grandit un cheval en ramenant ses hanches sous lui et en lui relevant l'encolure.

H

Ha-delà. — Terme de manège qui sert à faire exécuter, à la voix, certains mouvements aux sauteurs entre les piliers.

Harper. — Est l'action de lever un ou les deux membres postérieurs plus qu'il ne convient, et par un mouvement convulsif, que l'on remarque chez certains chevaux : ce défaut provient de l'*éparvin sec*, tare du jarret.

Hanches (Asseoir sur les). — Asseoir un cheval sur les hanches, c'est faire plier les hanches pour alléger et grandir l'avant-main.

Haute-école. — On entend par *haute-école* tout travail de deux pistes au pas, au trot et au galop, ainsi que les changements de pied du tact au tact, le piaffer, etc.

Hors-montoir. — Côté droit du cheval, par opposition au côté gauche, qui est le *côté montoir*.

Huit-de-chiffres. — Est un air de manège auquel on a donné ce nom parce qu'il représente la figure du chiffre 8.

I

Immobilité. — Position du cheval qui refuse d'avancer sous l'action des jambes et reste comme fixé au sol.

Inaction. — Baucher entend par *inaction*, dans l'éducation du cheval, laisser les quatre membres immobiles sur le sol, en vue d'assouplissements d'encolure.

J

Jambes. — Constituent les *aides inférieures* du cavalier par opposition aux mains qui sont les *aides supérieures.* — Le cavalier a les *jambes près* quand il les rapproche du corps du cheval pour le porter en avant, l'empêcher de reculer, etc.

L

Léger à la main. — On dit qu'un cheval est *léger à la main* lorsque, ayant été assoupli de la mâchoire et de l'encolure, il a la tête placée et la bouche bonne.

Lever. — Dans la marche, lorsque les pieds du cheval quittent l'appui du sol, ils sont *au lever.*

M

Main. — Aides supérieures du cavalier qui doivent être en rapport constant avec la bouche du cheval, par les rênes. La main est *bonne* quand elle joint le moelleux à la fermeté. On a dit que le cavalier devait avoir « une main de fer dans un gant de velours ». La main est *dure* lorsque son action s'exerce d'une façon très énergique sur la bouche du cheval. — On dit qu'un cheval est *bien dans la main*, lorsqu'il obéit facilement aux moindres indications du cavalier, après un bon dressage. — Un cheval *bat à la main* lorsqu'il élève et baisse ensuite brusquement la tête, comme s'il voulait arracher les rênes au cavalier. — *Appui de la main* ou *appui du mors* sont deux expressions synonymes. — On dit qu'un cheval *gagne à la main*, lorsqu'il arrive, aux allures vives, à éluder l'action de la main du cavalier.

Manège. — Est un rectangle tracé sur un terrain uni et horizontal, entouré de murs, et dont les dimensions varient; les plus usitées sont celles de 60 mètres sur 30; mais il en existe de plus grands comme de plus restreints. Les manèges sont habituellement couverts; quand ils sont à ciel ouvert, ils prennent le nom de *carrière*. Ils servent à l'instruction des cavaliers et à celle des chevaux.

Manier. — Est la façon dont se comportent les extrémités du cheval aux trois allures. On dit qu'un cheval *manie bien* ou *mal*, ou bien qu'il *manie près de terre.*

Mézair. — Air relevé composé d'une suite de sauts en avant, où les jambes de devant sont moins détachées du sol que dans la courbette; aussi le cheval les fait-il succéder plus vivement.

Mors. — Instrument en fer ou en acier composé de trois pièces : l'*embouchure* (composée des *canons* et de la *liberté de langue*), qui se place sur les barres dans la bouche du cheval, et les *deux branches*, qui servent de bras de levier pour agir sur la bouche.

Mors (Mâcher son). — Se dit du cheval qui, par un mouvement de mâchoires, agite son mors de temps en temps, ce qui indique qu'il est léger à la main ; le cheval qui mâche son mors naturellement, ou à la suite de leçons, est toujours bien disposé et ne pense pas à se défendre.

Mors aux dents (Prendre le). — S'entend du cheval qui saisit une des branches du mors avec ses incisives, pour échapper à la main du cavalier; on remédie à ce défaut par la *fausse-gourmette*.

O

Ombrageux. — Se dit d'un cheval qui a peur de tous les objets qu'il rencontre, et quelquefois même de son ombre.

Opposer les épaules aux hanches. — C'est contrarier le mouvement des hanches, qui se jettent d'un côté, en portant les épaules du même côté, ce qui oblige les hanches à prendre la position voulue.

Oppositions. — *Faire des oppositions* se dit de l'emploi simultané et bien e endu de la main et des jambes.

P

Pas espagnol. — Air de manège dans lequel le cheval, en marche au pas, donne toute l'extension possible à chacune des jambes de devant alternativement.

Passade. — Se compose de divers mouvements, tours, retours et détours, que le cheval exécute au galop, en passant avec rapidité d'un point sur un autre.

Passage. — C'est un diminutif du piaffer; le cheval lève les jambes comme pour le trot, mais n'avance qu'imperceptiblement à chaque temps.

Pesade. — Mouvement dans lequel le cheval lève très haut son avant-main, en ne quittant pas le sol des pieds de derrière. Ressemble au *cabrer*, mais c'est le cavalier qui est le promoteur.

Piaffer. — Mouvement dans lequel le cheval lève ses membres en diagonale, comme au trot, mais sans avancer. Cet air est considéré comme le *nec plus ultra* de l'équitation savante.

Piliers. — Ce sont deux poteaux que l'on installe dans un manège, servant aux *chevaux sauteurs*, et aussi à en dresser d'autres aux airs relevés.

Pirouette. — Il y a deux sortes de pirouettes : la *pirouette renversée* et la *pirouette ordinaire ;* la première s'exécute en faisant tourner la croupe autour des membres antérieurs, servant de pivot; la seconde, en faisant décrire aux épaules un cercle autour des membres postérieurs.

Piste. — Est une ligne droite, courbe ou circulaire, sur laquelle on fait marcher le cheval, dans un manège ou à l'extérieur. La piste d'un manège se trouve le long des murs. Le cheval marche *d'une piste*, quand les membres postérieurs suivent la même ligne que ceux de devant; il marche *de deux pistes*, quand les pieds de derrière parcourent une ligne parallèle à celle tracée par les pieds de devant; exemple : en appuyant à droite ou à gauche.

Placer un cheval. — C'est le mettre en équilibre, en coordonnant ses forces dans tous les mouvements qu'il doit exécuter.

Plier un cheval à droite ou à gauche. — C'est l'habituer à tourner sans effort, à droite ou à gauche.

Pointe. — Synonyme de cabrer.

Porter au vent. — Défaut de position de la tête du cheval qui se rapproche de l'horizontale et le rend difficile à conduire.

Q

Quadrille (Une). — Groupe de cavaliers exécutant des exercices équestres. S'emploie dans les carrousels.

Quinteux. — Un cheval *quinteux* est celui qui a un caractère irritable.

R

Ramener. — Placer la tête du cheval dans une position se rapprochant de la perpendiculaire.

Raser le tapis. — Expression qui désigne les chevaux qui, en galopant, lèvent très peu les pieds de devant et les laissent près de terre.

Rassembler. — Action du cavalier produite au moyen des jambes et de la main, servant à *prévenir* le cheval qu'un mouvement va lui être demandé.

Rendre. — C'est baisser la main pour diminuer ou faire cesser la traction des rênes.

Reprise. — Est une leçon donnée au manège ou à l'extérieur, soit au cavalier, soit au cheval; s'applique généralement à un groupe de cavaliers ou de chevaux.

Résistance. — Insoumission du cheval à la volonté du cavalier manifestée par les aides.

Ruade. — Défense du cheval qui, prenant un point d'appui sur les membres antérieurs, lance brusquement les membres postérieurs en arrière, en montrant les fers.

S

Saccade. — Mouvement brusque du mors sur les barres provoqué par la main, produisant une vive douleur, et qui doit être évité.

Saut de mouton. — Bond dans lequel le cheval s'enlève du devant et immédiatement après du derrière; généralement indice de gaieté.

Sauteur (Cheval). — Dans les manèges on entend par *chevaux sauteurs*, ou simplement par *sauteurs*, ceux qui sont dressés à bondir entre les piliers, auxquels ils sont attachés au moyen de deux longes et d'un fort licol. Les muscles très développés par ce travail, et surtout ceux de l'arrière-main, permettent à ces animaux d'exécuter des mouvements violents, servant à éprouver l'assiette et la souplesse des cavaliers. Les sauteurs sont dressés à obéir à la voix et à la chambrière, dans ces exercices. Il existe aussi des *sauteurs en liberté*, c'est-à-dire dressés aux mêmes exercices en dehors des piliers; mais il n'y a qu'une élite restreinte d'écuyers pouvant aborder cette difficulté.

Sentir son cheval. — C'est se rendre compte, au moyen de l'assiette et des aides, de tous ses mouvements, et en profiter pour obtenir ce qu'on lui demande.

Serrer. — S'entend des mouvements que l'on fait d'abord sur des lignes plus longues et ensuite plus rétrécies; exemple : exécuter des voltes ou demi-voltes de plus en plus *serrées*.

Surmener un cheval. — C'est le faire aller au delà de ses forces, en un mot, en abuser.

Surprendre. — *Surprendre* le cheval, c'est se servir brusquement des aides, sans le prévenir.

T

Tête au mur. — Mouvement dans lequel le cheval marche de deux pistes ayant sa tête du côté de la muraille.

Train. — C'est l'allure allongée qui convient à une course. On dit en parlant d'un cheval : « Il est dans le train. »

Traverser. — Un cheval *se traverse* lorsque, en marchant aux diverses allures, il jette les épaules ou les hanches hors de la ligne droite.

Tride. — Caractère vif, cadencé et uni d'un mouvement.

U

Uni (Cheval). — On dit qu'un cheval est *uni* lorsqu'il galope très juste, et que son arrière-main n'opère qu'une même action avec son avant-main.

V

Volte. — Mouvement de manège consistant en un cercle d'un diamètre égal à la moitié du petit côté, et tangent à la piste. — La *demi-volte* se compose d'un demi-cercle de diamètre, et se termine par une ligne droite oblique pour rentrer sur la piste à la main opposée. — La *demi-volte renversée* est le contraire de la demi-volte; elle commence par une ligne droite oblique et se termine par un demi-cercle, qui ramène le cheval sur la piste à la nouvelle main.

Voltige. — La *voltige* est la gymnastique spéciale du cavalier. Elle consiste en divers mouvements s'exécutant sur un cheval de pied ferme, ou au galop en cercle. La voltige a pour effet de rendre les cavaliers hardis et souples.

Se cabrer (ch. xv, *Défenses du cheval*).

Courte queue. Queue anglaise.

L'ÉQUITATION MODERNE

CHAPITRE PREMIER

LE CHEVAL AU POINT DE VUE MORAL ET AU POINT DE VUE PHYSIQUE

LE MORAL CHEZ LE CHEVAL

Le cheval n'est pas une machine organisée mue seulement par des ressorts; il y a en lui un principe moral, *instinct* ou *intelligence*, peu importe le nom qu'on lui donne. Nous n'entrerons pas dans des discussions abstraites et philosophiques sur une question souvent débattue et souvent résolue, dans l'un ou l'autre sens; contentons-nous d'en extraire quelques données pratiques. Les actes du cheval démontrent qu'il y a en lui autre chose que de l'instinct, dont l'un des caractères est de n'être pas perfectible. Afin de préciser, donnons le nom d'instinct à cette disposition commune à tous les animaux, qui veille à leur conservation, les porte à fuir la douleur et à rechercher la société de leurs semblables, et appelons intelligence l'ensemble des facultés par lesquelles le cheval perçoit les sensations, se souvient, compare et exerce sa volonté.

Le cavalier agit sur l'instinct en l'utilisant ou en le combattant; il agit sur l'intelligence en la dominant et en la faisant souvent servir à contrebalancer la puissance de l'instinct. C'est par l'instinct que le cheval, fuyant la douleur que lui cause la pression des jambes, se porte en avant pour y échapper. Si nous mettons au galop un cheval paresseux, l'instinct le portera à s'arrêter; mais l'intelligence, par le souvenir de la souffrance que lui ont causée naguère les éperons, l'entretiendra dans son allure. L'instinct est le même pour toute l'espèce; l'intelligence varie avec les individus. Cette intelligence que nous reconnaissons au cheval ne s'exerce jamais que sur des objets matériels; elle n'est pas non plus indéfiniment perfectible, mais elle permet à l'homme de penser pour le cheval. Voilà un cheval de cirque qui vient de désigner la plus jolie personne de la société : quel a été le rôle de son intelligence? Certes il n'y a pas eu en lui de réflexion, ni d'idée personnelle sur la beauté; mais il a su, grâce à son intelligence développée, saisir un geste de son maître, imperceptible pour les spectateurs; il s'est souvenu qu'il a déjà obéi à un geste pareil et qu'un morceau de sucre l'a récompensé.

La mémoire est là faculté la plus développée chez le cheval. N'a-t-on pas vu maintes fois le cheval trouver sa route, alors que le cavalier était égaré? Par la mémoire le cheval arrive à la comparaison; il sait que la douleur du châtiment dépasse la peine causée par le travail ou que celui-ci sera payé par une récompense.

Le cheval est plus fort que nous : nous devons éviter une lutte dans laquelle nous n'aurions pas forcément le dessus; mais suivant Rarey, dompteur américain : « 1° Le cheval n'a conscience de sa force que lorsqu'il l'a connue par expérience. 2° Il ne résiste à aucune des demandes qu'on lui fait, quand il les comprend, et quand on agit sur lui par des moyens compatibles avec son intelligence. » Flattons l'instinct, parlons à l'intelligence, frappons la mémoire et nous arriverons progressivement à dominer sa volonté : nous la confondrons avec la nôtre dans une union si intime que les mouvements sembleront en être la traduction immédiate et la conséquence naturelle. En un mot nous réaliserons le rêve naïf des anciens : celui du centaure.

Il est certain qu'à de rares exceptions près le cheval est un animal généralement intelligent et doué de mémoire ; mais, pour que les qualités morales du cheval se développent, il faut que l'homme le flatte, le caresse, et le traite, non pas en esclave, mais en ami. Les mauvais traitements que lui font subir certains charretiers ne font que l'abrutir, déprimer son moral. Il se souvient longtemps des coups qu'il a reçus, mais en revanche il est très sensible aux bons traitements. En Arabie

Arabe et son cheval.

l'attachement et la fidélité du cheval pour son maître sont proverbiaux, et on le comprend aisément, le cheval étant traité comme un membre de la famille, vivant sous la tente commune.

LE CHEVAL AU POINT DE VUE PHYSIQUE

Les formes extérieures du cheval jouent un grand rôle en équitation; il est nécessaire, et même indispensable, au cavalier de connaître les beautés et les défectuosités physiques du cheval de selle, le seul qui nous occupe. En *hippologie* cette partie est appelée *extérieur*, et son importance n'a pas besoin d'être démontrée, puisque sans elle on est incapable de distinguer à quel genre de service un cheval peut être propre et quelle sera la durée approximative de ses services. Nous allons donc examiner ce qu'il importe le plus de connaître en extérieur, sans entrer dans des développements trop longs : nous nous occuperons d'abord des *régions du corps*, ensuite des *membres* et enfin des *robes*.

Régions extérieures du Cheval

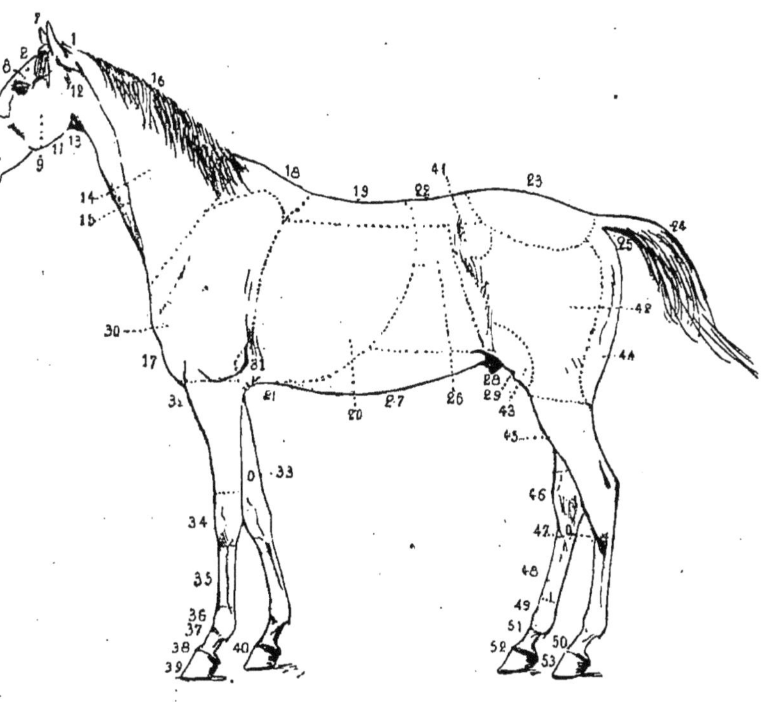

1. Nuque.
2. Toupet.
3. Front.
4. Chanfrein.
5. Bout du nez.
6. Lèvres.
7. Oreilles.
8. Salières.
9. Joue
10. Naseau.
11. Ganaches.
12. Parotides.
13. Gorge.
14. Encolure.
15. Gouttière de la jugulaire.
16. Crinière.
17. Poitrail.
18. Garrot.
19. Dos.
20. Côtes.
21. Passage des sangles.
22. Reins.
23. Croupe.
24. Queue.
25. Anus.
26. Flancs.
27. Ventre.
28. Fourreau.
29. Testicules.
30. Épaule et bras.
31. Coude.
32. Avant-bras.
33. Châtaigne.
34. Genou.
35. Canon.
36. Boulet.
37. Paturon.
38. Couronne.
39. Pied.
40. Ergot et fanon.
41. Hanche.
42. Cuisse.
43. Grasset.
44. Fesse.
45. Jambe.
46. Jarret.
47. Châtaigne.
48. Canon.
49. Boulet.
50. Ergot et fanon.
51. Paturon.
52. Couronne.
53. Pied.

DES RÉGIONS DU CORPS

Le corps du cheval, qui se divise en un grand nombre de parties, peut être considéré comme composé seulement de deux : le *tronc* et les *membres*.

Du tronc.

Le tronc comprend trois divisions : la *tête*, l'*encolure* et le *corps*.

LA TÊTE. — La tête est une partie des plus importantes à cause du rôle qu'elle joue dans la locomotion et sous le rapport des indices qu'elle fournit pour connaître la noblesse, la race, le caractère du cheval.

La forme que doit avoir la tête pour être belle est celle d'une pyramide quadrangulaire, large à sa partie supérieure, étroite et courte à sa partie inférieure; le crâne bien développé; l'œil grand, bien ouvert à fleur de tête, doux, expressif, placé loin du sommet de la nuque; le chanfrein droit et large; les oreilles courtes et bien espacées; les naseaux largement ouverts; les branches du maxillaire largement écartées; les vaisseaux et les nerfs apparents sous une peau fine recouverte de poils courts. Lorsque la tête est ainsi conformée on l'appelle *tête carrée :* c'est la plus parfaite; mais il est peu de chevaux qui offrent ce degré de perfection. Il y en a cependant qui s'en rapprochent dans la race arabe et chez les chevaux de pur sang. Il y a de nombreuses variétés dans la conformation de la tête; les plus connues sont : la tête *busquée*, la tête *camuse*, la tête de *rhinocéros,* la tête *grosse*, la tête de *lièvre*, la tête de *vieille* et la tête de *vielle*.

Pur sang.

Tête busquée. — La tête *busquée* est celle dont le chanfrein affecte une courbe convexe très prononcée ; elle prend le nom de tête *moutonnée* quand la courbe s'étend depuis le front : elle est plus défectueuse que la première. Elle prédispose les chevaux au *cornage*, bruit de soufflet produit par la respiration, dans les allures vives. Ces genres de têtes se rencontrent surtout chez les chevaux anglais, normands et danois.

Tête busquée.

Tête camuse. — Cette tête laisse voir une dépression marquée sur le chanfrein, mais qui ne nuit pas à la respiration. On la trouve chez les chevaux ardennais.

Tête de rhinocéros. — La tête de rhinocéros présente une dépression produite par la muserolle, ou par un accident, sur le chanfrein. Elle est souvent cause de cornage.

Tête grosse. — Comme son nom l'indique, la tête grosse est lourde, massive, dépourvue de saillies osseuses ; on la trouve chez les chevaux mous, de race commune. Elle gêne les mouvements du cheval dans la locomotion, à cause de son poids.

Tête de rhinocéros.

Tête de vieille. — La tête de vieille est longue et décharnée ; on la trouve chez les chevaux vieux et usés.

Tête de vielle. — La tête de vielle a reçu ce nom parce qu'elle affecte une ressemblance avec cet instrument.

Tête de lièvre.

Tête de lièvre. — Les chevaux à tête de lièvre ont les oreilles rapprochées, le front et le chanfrein convexes et étroits. Cette tête est presque toujours l'indice de la rétivité ou au moins du cornage.

Outre les différentes formes de la tête il faut aussi considérer de quelle façon elle est attachée, c'est-à-dire comment elle s'unit à l'encolure. La tête peut être *bien attachée,* ou *mal attachée*, ou *plaquée :* on dit que la tête est bien attachée quand la gouttière qui la sépare de l'encolure est large et bien évidée, ce qui rend les mouvements aisés et gracieux; elle est mal attachée ou décousue si le sillon entre la tête et l'encolure est trop prononcé, ce qui rend les mouvements moins gracieux et moins souples; enfin elle est plaquée quand elle semble ne faire qu'un avec l'encolure, qu'il n'y a pas de sillon entre elles, et gêne les mouvements qui sont disgracieux. Elle donne de la raideur au cheval et le rend d'une conduite difficile.

La figure ci-contre donne les différentes régions de la tête, qui se compose de : La *nuque* (1), le *toupet* (2), le *front* (3), le *chanfrein* (4), le *bout du nez* (5), la *bouche* (6), la *barre* (7), l'*auge* (8), les *oreilles* (9), les *tempes* (10), les *salières* (11), les *joues* (12), les *naseaux* (13), les *ganaches* (14).

Tête du cheval.

L'ENCOLURE. — L'encolure s'étend de la nuque au garrot à sa partie supérieure et de la gorge au poitrail à sa partie inférieure. Le bord supérieur est orné de la crinière, dont les crins sont fins chez les chevaux de race noble, plus abondants et grossiers chez les chevaux communs. Le bord inférieur, sous lequel on sent le conduit respiratoire, doit être large, arrondi et saillant.

La bonne conformation de l'encolure est très importante pour le cheval de selle, car elle constitue le balancier qui régularise les différents mouvements du corps. Elle peut manquer de proportions, pécher par excès de longueur ou par excès contraire, être trop épaisse ou trop mince. L'encolure trop longue manque de force; au contraire, si elle est trop courte, il en résulte qu'elle est peu flexible et que le cheval est difficile à conduire. Pour le cheval de selle, une encolure lourde, épaisse et chargeant l'avant-main est un défaut.

Encolure de cygne.

Il y a diverses conformations d'encolure, dont les principales sont :

L'encolure *grêle,* qui est peu musclée et qui, manquant de force pour soutenir la tête, devient pesante à la main. — L'encolure *rouée*, qui s'arrondit en arc de cercle ; elle plaît parce qu'elle donne à la tête une attitude relevée, élégante, mais elle a le défaut de prédisposer le cheval à s'encapuchonner. — L'encolure *de cygne*, qui est rouée à sa partie supérieure et renversée à sa base. Très gracieuse, elle convient surtout aux chevaux de manège. — L'encolure *de cerf* ou *renversée*, qui est courbée en sens inverse de l'encolure rouée. Elle est favorable à la rapidité des allures, mais elle rend le cheval difficile à conduire et le dispose à porter au vent. — Enfin l'encolure *droite*, qui n'est contournée ni en dessus ni en dessous dans toute sa longueur, et qui est en même temps longue, bien musclée et souple. C'est la plus favorable à la vitesse des allures et celle qui convient le mieux au cheval de selle.

Le corps. — Le corps du cheval est divisé par les anatomistes en diverses régions, dont les principales sont : le *garrot*, le *dos*, le *rein*, la *queue*, le *poitrail*, l'*ars*, l'*inter-ars*, le *passage des sangles*, les *côtes*, la *poitrine*, le *flanc*, le *ventre*.

Le *garrot* est situé au-dessus des épaules, entre l'encolure et le dos. Pour être beau il doit être haut et se prolonger le plus possible en arrière en diminuant; de plus il doit être sec et suffisamment incliné de chaque côté. Le garrot peut présenter les défauts suivants : être *bas*, *noyé* ou *gras* : il est alors exposé aux blessures de la selle. Il faut donc que le garrot soit élevé et bien sorti, et plus ces qualités seront accentuées, plus les mouvements de l'épaule, qui s'y rattache par les muscles, seront gracieux et étendus.

Le *dos*, qui suit le garrot, est placé au-dessus des côtes et précède le rein. Ses caractères de beauté sont d'être droit, légèrement incliné d'arrière en avant, large, court et bien musclé; il doit avoir une légère inclinaison à partir du milieu vers les côtes.

Lorsque le dos est trop incliné d'arrière en avant, on le dit *plongeant*, et, s'il affecte une courbe du garrot au rein dirigée en contre-bas, on le dit *ensellé*. Ce sont deux défauts : le dos plongeant dispose la selle à glisser en avant et à causer des blessures au garrot; quant au dos ensellé, c'est un indice de faiblesse et une cause d'usure. Si la courbe du dos est dirigée en dessus, il est dit *dos de mulet*, et *dos de carpe* lorsque ce défaut est plus accentué; cette conformation défectueuse rend les réactions du cheval très dures pour le cavalier. Il y a enfin le *dos tranchant*, qui est formé par l'inclinaison trop grande des deux côtés du milieu vers les côtes; ce défaut empêche de bien ajuster la selle sur le dos.

Cheval ensellé.

Le *rein* est compris entre le dos et la croupe, et pour être bien conformé il faut qu'il soit court, large, droit. Le rein doit être court parce que sans cela il supporterait difficilement le poids du cavalier, et il doit être droit pour pouvoir transmettre, sans effort, l'impulsion des membres postérieurs. Le rein long et étroit manque de la vigueur nécessaire. Lorsque le rein s'unit à la croupe sans transition brusque, on le dit *bien attaché;* au contraire, s'il est plus bas que la croupe et qu'il y ait entre eux une transition distincte, il est *mal attaché;* ce défaut est la marque d'un manque de solidité et de force de la région. Le rein doit fléchir légèrement sous la pression des doigts qui le pincent : alors on peut en conclure qu'il est souple et sensible. Mais il ne faut pas que cette sensibilité soit exagérée, parce qu'alors elle indiquerait que le cheval souffre du rein.

La *queue* fait suite à la croupe et recouvre l'anus. Pour être belle, il faut qu'elle soit attachée aussi haut que possible; de plus, elle doit être forte à sa naissance et s'amincir à l'extrémité.

Lorsque le cheval la porte droite et bien détachée des fesses, on dit que la queue est *bien attachée*. Si au contraire elle a sa naissance trop bas, et que le cheval ne la porte pas éloignée des fesses, elle est *mal attachée*. On appelle queue *à tous crins* celle dont le tronçon (partie osseuse recouverte de muscles) n'a pas été raccourci, ainsi que les crins.

La queue est *en catogan*, quand après avoir raccourci le tronçon on a laissé aux crins une longueur de 15 à 20 centimètres. Si l'on a retranché une plus grande partie du tronçon et si l'on a coupé les crins au même niveau, le cheval est dit *courte-queue* ou *écourté*. Quelquefois on coupe les muscles abaisseurs de la queue et quelques nœuds, pour donner à certains chevaux le port de queue des bêtes de sang; cette opération ne trompe pas les connaisseurs : ces chevaux en effet ont toujours, qu'ils soient au repos ou en action, le même port de queue. On dit, dans ce cas, ces chevaux *anglaisés*.

Le *poitrail* est situé au-dessous de l'encolure et en avant des deux épaules et de la poitrine. Plus il est haut et plus ses muscles sont accentués, plus il est beau; sa largeur doit être moyenne; s'il était trop large, la rapidité des allures en serait diminuée, et ce qui est une qualité pour le cheval de trait lent devient un défaut pour le cheval de selle. Cependant il ne faut pas que le poitrail soit trop étroit, parce que dans ce cas il indique une poitrine peu développée, et par conséquent les poumons ne peuvent pas se dilater suffisamment. On dit alors que le cheval est *serré du devant*.

L'*ars* est le point de jonction des membres avec le tronc; sa conformation se lie à celle de l'épaule et de la poitrine et en dépend.

L'*inter-ars* se trouve entre les deux membres antérieurs; il est d'autant plus développé que le poitrail est plus ouvert. Il doit être exempt de traces de blessures, sans quoi on dit que le cheval *se fraye aux ars*.

Le *passage des sangles* est placé en arrière des coudes et de l'inter-ars, et en avant du ventre au-dessous des côtes. Pour être dans de bonnes conditions de conformation, il doit être plat en dessous, arrondi sur les côtés et bien descendu.

Les *côtes* forment la charpente osseuse de la cavité thoracique. Extérieurement, cette région est limitée par les épaules, le flanc, le dos et le ventre. Plus les côtes sont espacées entre elles, plus elles sont belles; il faut de plus qu'elles soient longues et arrondies en arrière des coudes. Si la côte est courte et plate, on peut en conclure que le cheval a une respiration peu étendue et que c'est un mauvais cheval.

La *poitrine* contient le cœur et les poumons, organes

principaux de la circulation et de la respiration. La poitrine, pour être belle, doit être large, longue et profonde. Large parce qu'elle dénote un cœur et des poumons bien développés, et qu'elle indique alors de la résistance aux longues courses aux allures vives; la largeur se mesure d'un côté à l'autre du cheval. Elle doit être longue pour des raisons analogues, et profonde (en la mesurant du garrot au passage des sangles), surtout pour les chevaux de course; pour le cheval de selle ordinaire cette dernière qualité est moins nécessaire.

Le *flanc* se trouve entre les côtes et les hanches d'un côté et entre le ventre et les reins de l'autre. Pour être beau, il doit être court, plein et bien arrondi de haut en bas. Les mouvements du flanc doivent être lents, réguliers et avoir lieu à intervalles égaux; lorsque le cheval souffre d'une affection des voies respiratoires, les mouvements du flanc sont plus fréquents et plus saccadés. Chez les chevaux poussifs, les mouvements du flanc se font en deux temps. Le flanc peut présenter différents aspects; il peut être retroussé comme celui du lévrier : dans ce cas, on dit qu'il est *levretté;* ou bien il peut présenter une dépression trop accentuée : dans ce cas, il est dit *creux*. C'est toujours un indice fâcheux.

Le *ventre*, placé au-dessous des flancs et des côtes, a pour limites en avant les passage des sangles, et en arrière les cuisses. Pour être bien conformé, le ventre ne doit pas dépasser le cercle dessiné par les côtes; il doit en même temps être bien arrondi. Il doit être exempt de saillies, qui seraient un indice de *hernie*, affection grave. Le ventre peut être trop gros : on l'appelle alors *ventre de vache* ou *tombant*. Si au contraire le ventre paraît retiré vers le flanc, on le dit *retroussé* ou *étroit de boyaux*. Le ventre de vache se rencontre chez les animaux à tempérament lymphatique, mangeant trop; quant au ventre retroussé, il indique généralement des organes digestifs en mauvais état.

DES MEMBRES

Les membres du cheval sont *antérieurs* et *postérieurs*.

Membres antérieurs. — Considérons isolément l'un des membres antérieurs; nous trouvons qu'il se compose de : l'*épaule*, le *bras*, l'*avant-bras*, le *coude*, la *châtaigne*, le *genou*, le *canon*, le *boulet*, le *paturon*, la *couronne*, le *fanon*, l'*ergot* et le *pied*.

L'*épaule*, placée de chaque côté de la poitrine, a pour base le *scapulum* et l'*humérus*, rayons osseux qui vont du garrot à l'avant-bras. Le scapulum, dirigé d'arrière en avant, rejoint le bras à son extrémité inférieure, et le bras fait un coude en sens contraire pour s'unir à l'avant-bras. Pour être belle, l'épaule doit être longue, oblique, recouverte de muscles développés. Ses mouvements doivent être faciles et avoir de l'amplitude. On appelle *pointe de l'épaule* la partie où les deux rayons se réunissent. Extérieurement, l'épaule doit avoir sa surface légèrement arrondie, la peau fine et souple, les muscles en relief. Lorsque la base osseuse est peu apparente et comme noyée dans les tissus, on la dit *chargée;* l'excès contraire, c'est-à-dire la maigreur, la fait appeler *épaule décharnée.* Il y a aussi l'*épaule froide*, dont les mouvements ne sont pas libres au sortir de l'écurie et ne deviennent faciles que par le mouvement. Enfin, les *épaules chevillées* sont celles chez lesquelles ce dernier défaut est permanent; on les désigne aussi sous le nom d'*épaules plaquées.*

Le *bras*, qui fait suite au scapulum et précède l'avant-bras, a pour base l'humérus et les muscles qui le recouvrent. Il doit être dans un plan parallèle à celui de l'axe du corps pour faciliter les mouvements en avant; de plus, il faut qu'il soit de dimensions moyennes : trop long, il est cause que le cheval rase le tapis; trop court, qu'il élève trop les membres antérieurs, qu'il trousse, ce qui nuit à la rapidité des allures.

L'*avant-bras* a pour base les radius et les cubitus. C'est la première partie du membre se dégageant du tronc qui fait suite à l'épaule et au bras. Cette région doit être verticale pour que le membre ait de la solidité; elle doit être, de plus, longue et bien musclée. L'avant-bras long est un indice de vitesse; un avant-bras court rend les mouvements moins étendus et moins rapides et ne convient pas au cheval de selle. Donc la principale qualité à rechercher dans l'avant-bras est sa longueur jointe à sa direction verticale.

Le développement des muscles est ensuite à rechercher.

Le *coude* est placé à la partie inférieure et postérieure du bras; il a pour base l'olécrâne. Sa saillie, peu apparente lorsque le cheval est au repos, est plus marquée dans le mouvement. Le coude doit être situé dans un axe parallèle à celui du corps; lorsqu'il est tourné en dedans, on dit le cheval *panard;* s'il est dirigé au contraire à l'extérieur, le cheval est *cagneux*. Plus le coude est long, plus il favorise l'attache des muscles qui déterminent l'extension de l'avant-bras.

Cheval panard.

La *châtaigne* est une petite plaque de nature cornée, de forme ovale, qui se trouve à la face interne de l'avant-bras, au-dessus du pli du genou; elle offre peu d'intérêt, n'ayant aucune fonction.

Le *genou*, qui a pour base les os carpiens, est situé au-dessous de l'avant-bras et précède le canon et le tendon. Ses caractères de beauté sont la largeur et l'épaisseur. Il doit, de plus, être exempt de blessures à sa face antérieure. La face postérieure s'appelle le *pli du genou*. Plus il est placé bas, plus il indique l'aptitude aux mouvements étendus. Quand il est volumineux par suite d'empâtement et qu'il est dévié en dedans, on l'appelle *genou de bœuf*, et *genou de veau* quand il est petit, rond et comme étranglé à la naissance du canon.

Le *canon* est placé au-dessous du genou et précède le boulet. Il se compose d'une partie osseuse (métacarpiens et péronés) qui est sa base et, en arrière, de tendons et de ligaments. La première condition pour que le canon soit bien conformé réside dans sa direction verticale ; ensuite il doit être lisse dans toute son étendue et large si on le considère de profil. Les cordes tendineuses doivent former des reliefs bien accusés et indépendants les uns des autres. Si le tendon, au-dessous du genou, semble ne faire qu'un avec le canon, on le dit *failli ;* lorsque le tendon est plus volumineux que celui de l'autre membre et qu'il offre des parties noueuses et dures, le cheval est atteint d'*effort de tendon;* c'est une maladie grave. Le canon peut être le siège de petites tumeurs osseuses, venues à la suite de contusions ; leur gravité dépend de la place qu'elles occupent : ces tumeurs portent le nom de *suros.* Si les suros sont placés dans le trajet des tendons, ils amènent souvent la boiterie.

Le *boulet* a pour base l'articulation du métacarpe avec la première phalange et les deux grands sésamoïdes, et se trouve entre le canon et le paturon ; il joue un grand rôle dans le mouvement et dans le repos. Sa suspension contribue beaucoup dans les allures vives à diminuer la dureté des réactions du cheval. Le boulet doit être large, épais et éloigné du sol ; la peau qui le recouvre doit être mince et recouverte de poils fins. Lorsque le boulet est peu développé, il révèle peu de force et de résistance à la fatigue; le cheval qui a les boulets faibles *manque de poignets;* il est *droit sur ses boulets* lorsque le paturon se rapproche de la verticale, et *bouleté* lorsque le boulet fait une saillie en avant, signe d'usure qui rend le cheval dangereux par son manque de solidité.

Cheval bouleté.

Le *paturon* est placé au-dessous du boulet et avant la *couronne.* La première phalange est sa base. Sa direction est oblique d'avant en arrière. Le paturon doit être large, arrondi et avoir une inclinaison suffisante pour amoindrir les réactions, tout en conservant la solidité suffisante. Il ne faut pas qu'il soit non plus trop long ou qu'il pèche par sa brièveté. Trop long, le paturon est dit *long-jointé;* trop court, il est *court-jointé.* Le second défaut, quoique rendant les réactions plus dures, est préférable à l'autre, qui est cause d'usure prématurée. Selon que l'inclinaison du paturon est plus ou moins grande, on dit que le cheval est *bas-jointé* ou *court-jointé;* les conséquences de ces deux défauts sont analogues à celles des premiers.

La *couronne*, qui a pour base la deuxième phalange, est située entre le paturon et le pied. Pour être dans de bonnes conditions, la couronne doit être large et unie. Les poils ne doivent ni manquer ni être hérissés.

Elle doit être exempte d'exostoses connues sous le nom de *formes*.

Le *fanon* se compose d'une touffe de poils plus ou moins longs qui se trouvent en arrière du boulet. Chez les chevaux fins, il est peu abondant.

L'*ergot* est une petite éminence cornée qui est placée au milieu du fanon.

Le *pied* a pour base le troisième phalangien et n'est autre chose qu'un ongle. Il fait suite à la couronne et termine le membre en servant à son appui. Connu sous le nom de *sabot*, il contient sous son enveloppe cornée des parties vivantes très sensibles. Le sabot se compose de plusieurs parties unies entre elles très fortement; ce sont : la *paroi*, le *périople*, la *sole* et la *fourchette*. Lorsque le pied repose sur le sol, on ne voit que la paroi ; la beauté du pied dépend de sa force et de sa direction. Le *périople* est une bande mince et étroite de corne très molle qui fournit à la surface extérieure de la paroi une sorte de vernis pour empêcher son dessèchement. La *sole* est la concavité de la surface plantaire. En arrière de cette surface, on remarque une saillie en forme de V allongé, formée d'une corne flexible et molle qui constitue la *fourchette*. Les qualités que doit réunir un bon pied sont d'être en rapport avec la taille du cheval, d'avoir une paroi lisse, brillante, sans fissures ni éclats. La sole doit avoir une concavité moyenne, et la fourchette être bien développée. L'inclinaison de la paroi sur le sol horizontal doit être de 45 degrés environ.

Membres postérieurs. — Les membres postérieurs se composent des parties suivantes : la *croupe*, la *hanche*, la *fesse*, la *cuisse*, le *grasset*, la *jambe*, le *jarret*, le *canon*, le *tendon*, le *boulet*, l'*ergot*, le *fanon*, le *paturon*, la *couronne* et le *pied*.

La *croupe* a pour base le sacrum, le coxal et les muscles environnants ; elle fait suite aux reins et aux hanches et précède la queue, au-dessus de la cuisse et de la fesse. Pour être belle, la croupe doit être large, bien musclée, longue et légèrement inclinée d'avant en arrière. Il y a de nombreuses variétés de formes de croupe ; les plus répandues sont : la *croupe horizontale*, dont le nom indique la direction, manquant de force mais élégante ; la *croupe oblique*, trop inclinée et disgracieuse ; la *croupe avalée*, exagération de la précédente et de ses défauts ; la *croupe de mulet*, dont les muscles sont peu développés ; la *croupe double*, qui, au contraire de la précédente, présente des muscles développés, laissant un sillon au milieu ; et enfin la *croupe anguleuse*, dont les éminences osseuses sont trop prononcées.

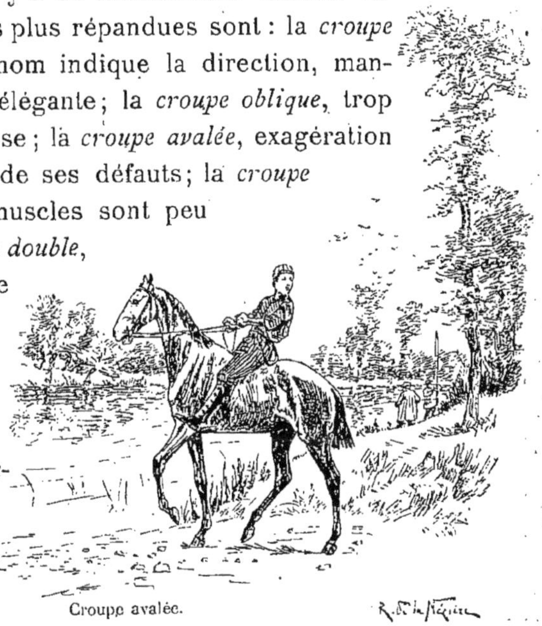

Croupe avalée.

La *hanche* a pour base l'ilium ; ses limites ne sont pas bien définies. Elle se trouve entre les flancs et la croupe. La beauté de cette région consiste dans sa largeur d'une hanche à l'autre; mais il ne faut pas que l'ilium fasse une saillie trop prononcée, ce qui rendrait la hanche disgracieuse. Ce défaut fait dire du cheval qu'il est *cornu*. Si la hanche offre peu de développement et qu'elle paraisse noyée dans les muscles, on la dit *coulée* ou *effacée*. Quelques chevaux présentent une hanche plus élevée que l'autre, généralement par suite d'un accident; on les dit alors *éhanchés*.

La *fesse*, qui a pour base l'ischium, est située au-dessous de la croupe et en arrière de la cuisse; pour être belle, elle doit être bien musclée et ferme; les pointes doivent être éloignées l'une de l'autre. Lorsqu'elle réunit ces conditions, on dit que le cheval est bien *culotté*.

La *cuisse*, qui fait suite à la croupe et précède la jambe, a pour base le *fémur;* elle doit être longue, musclée et dirigée obliquement. Quand les muscles n'ont pas de développement, que la cuisse est grêle, on l'appelle *cuisse de grenouille;* cette conformation indique le manque de vigueur de cette région. Si, au contraire, les muscles ont du développement, le cheval est *bien gigoté*.

Le *grasset* est le point de réunion de la jambe et de la cuisse; il recouvre la rotule et correspond au genou de l'homme; la partie de la peau qui va de la rotule à l'abdomen a reçu le nom de *pli du grasset*. Sa beauté dépend de sa netteté et de sa position, qui doit permettre le jeu facile des membres postérieurs

La *jambe*, faisant suite à la cuisse, précède le jarret;

sa base est le *tibia*. Pour être belle, la jambe doit être longue, suffisamment inclinée et recouverte de muscles développés; sa longueur, alliée à des muscles puissants, assure la rapidité des allures, parce que, si elle était courte, quoique fortement musclée, le cheval ne pourrait pas embrasser autant de terrain dans les allures vives. Lorsque les muscles sont peu développés, on dit la jambe *grêle* ou *plate*. Le *jarret* est compris entre la jambe et le canon; il a pour base les os tarsiens, la partie supérieure du canon et des péronés et la partie inférieure du tibia. C'est une des régions les plus intéressantes à cause du rôle important qu'elle a, aussi bien dans la locomotion que pendant le repos. Le jarret est le siège de tares nombreuses.

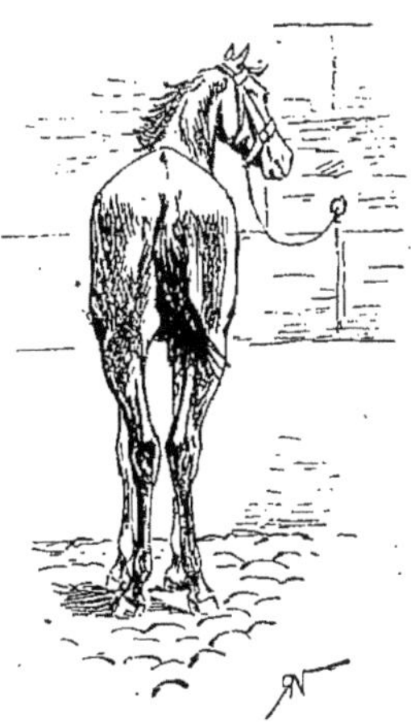
Cheval clos du derrière.

Il se compose de plusieurs parties : la *corde*, formée des tendons qui s'attachent au calcanéum; la *pointe*, qui recouvre cette dernière partie; le *pli*, qui est situé en avant; les *faces* de chaque côté. Pour être dans de bonnes conditions de beauté, le jarret doit être épais, large, sec, bien descendu, et se trouver dans un plan parallèle à celui de l'axe du corps. Lorsque le jarret, développé à sa partie supérieure, se rétrécit inférieurement, il est dit *étranglé*. L'angle du jarret peut être trop fermé; il est *coudé* dans ce cas. Enfin, si les jarrets vus en arrière se rapprochent trop l'un de l'autre, le cheval est *clos du derrière;* le défaut contraire fait dire qu'il est *trop ouvert du derrière.* Les tares du jarret sont les suivantes : la *courbe*, l'*éparvin*, la *jarde*, le *jardon*, le *capelet* et les *vessigons*. Le *canon*, le *tendon*, le *boulet*, etc., qui terminent les membres postérieurs, sont un peu plus longs que dans les membres antérieurs, en ce qui concerne les rayons supérieurs seulement, mais ont les mêmes caractères de beauté et de défectuosité que les parties correspondantes dans les membres antérieurs; en conséquence, nous n'y reviendrons pas.

DES ROBES

On entend par *robe* l'ensemble des poils et des crins dont le cheval est couvert. Les différences de couleur et les nuances variées qu'affectent les robes servent à distinguer les chevaux entre eux. Il y a deux sortes de robes : *simples* quand les poils sont d'une seule couleur; *composées* quand il y a au moins deux couleurs.

Dans les robes simples, on trouve les quatre espèces suivantes : *blanc*, *café au lait*, *alezan*, *noir*. — Les robes composées se subdivisent en huit espèces, qui sont : le *bai*, l'*isabelle* et le *souris*, le *gris*, l'*aubère*, le *louvet*, le *rouan*, le *pie*. Il y a ensuite des variétés qui sont dues seulement à des nuances.

Robes simples. — Le *blanc*, que nous ne définirons pas, se subdivise en : *mat*, blanc crayeux; *sale*, à reflets jaunâtres; *argenté*, à reflets d'argent; *porcelaine*, à reflets bleuâtres; *rosé*, à reflets provenant de la peau.

Le *café au lait*, qui a la couleur du mélange du café avec le lait, peut être *clair*, s'il se rapproche du blanc; *foncé*, s'il ressemble à l'alezan.

L'*alezan* a la couleur blonde plus ou moins foncée, avec des crins pareils ou lavés, c'est-à-dire plus clairs. Il se subdivise en alezan : *clair*, ressemblant au café au lait; *foncé*, se rapprochant du brun; *doré*, à reflets d'or poli; *cuivré*, à reflets de cuivre rouge; *brûlé*, ressemblant au café torréfié.

Le *noir* se divise en noir : *franc*, d'une couleur uniforme; *mal teint*, à reflets rougeâtres; *jais*, à reflets brillants.

Robes composées. — Le *bai*, qui ressemble à l'alezan avec crins et extrémités noirs, se subdivise en bai : *clair*, quand il se rapproche de l'isabelle; *foncé*, d'une couleur brune; *cerise*, pareil à l'acajou; *châtain* et *marron*, quand il ressemble à la châtaigne ou au marron par sa couleur; *brun*, lorsqu'il se rapproche du noir.

L'*isabelle* a la couleur du café au lait avec crins et extrémités noirs; il est *clair* ou *foncé;* assez rare.

Le *souris* rappelle la couleur cendrée du petit animal dont il emprunte le nom, et a les crins et extrémités noirs; il peut être *clair* ou *foncé* et se rencontre rarement.

Le *gris* est un mélange de noir et de blanc; il peut être *foncé*, si le noir domine; *pommelé*, quand il est parsemé de taches blanches; *clair*, quand il y a peu de poils noirs; *de fer*, quand il tire sur le bleu, avec la tête noire; *sale*, s'il a une teinte jaunâtre; *étourneau*, quand il ressemble par sa robe à l'oiseau de ce nom.

Le *louvet* est fait de poils qui sont chacun de deux couleurs, *noir* et *jaune;* cette robe ressemble au pelage du loup et n'a pas de variétés. Elle est très rare.

Le *rouan* est un mélange de blanc, d'alezan et de noir. Il y a trois variétés : le rouan *clair*, où le blanc domine; le *foncé*, où c'est le noir; le *vineux*, où les poils alezans sont les plus nombreux.

Le *pie* se compose de deux robes, l'une blanche et l'autre de l'une des robes : *noire*, *alezane*, *baie*, *aubère* ou *rouane*. On dit un cheval *pie-alezan*, *pie-aubère*, etc.

Particularités des robes. — Les particularités des robes constituées principalement par la présence de poils blancs, ou noirs, ou alezans, placés d'une façon variant avec chaque animal, doivent toujours être indiquées pour bien reconnaître un cheval.

Les principales particularités dues à la présence de poils blancs sont désignées par les expressions suivantes : *grisonné* s'entend de poils blancs ou de crins blancs à la queue et à la crinière; *rubican*, de poils blancs que l'on trouve disséminés sur les robes alezanes, baies et noires; *neigé*, de petites taches blanches ressemblant à de la neige; *zain*, de l'absence de poils sur une robe foncée. Les marques blanches les plus communes se voient aux extrémités ou à la tête; les premières portent le nom de *balzanes* et sont *petites*, *grandes*, *chaussées*, *haut chaussées*, etc.; les secondes s'appellent *en tête* ou *pelote* et sont placées sur le front; on dit, suivant la quantité de poils blancs et la forme qu'ont ces marques : *en tête*, *légèrement en tête*, *fortement en tête*, *en tête prolongée*, *pelote en tête*, *liste en tête*, etc.

La présence de poils noirs donne lieu aux particularités dont les suivantes sont les plus connues : *raie de mulet*, ligne noire sur le dos des chevaux bais ou isabelles ; *cap de maure*, tête noire ; *zébrures*, cercles noirs aux jambes, chez les chevaux isabelles ; *herminures*, petites taches noires sur les balzanes, etc.

Les poils alezans forment les particularités suivantes : *rouanné*, mélange de poils alezans avec la robe grise ; *aubérisé*, poils alezans répandus sur la robe gris clair ou blanche ; *truité*, petites taches rouges disséminées sur le gris ; *marqué de feu*, taches de couleur alezane sur bai brun ou gris.

Cheval gris pommelé.

Manière
de monter à cheval
sans étriers.

CHAPITRE II

INSTRUCTION PRATIQUE DU CAVALIER

La première condition à remplir pour arriver à monter convenablement à cheval est la confiance, servie par un corps souple. Cette confiance, l'élève ne pourra l'acquérir qu'autant que les premières leçons ne le rebuteront pas, c'est-à-dire s'il ne rencontre pas auprès de sa monture des résistances, des difficultés en apparence insurmontables, ce qui arriverait inévitablement si l'on donnait au jeune cavalier un cheval quelque peu indocile. Non seulement ce cheval ne doit pas être rétif, mais il faut choisir autant que possible une monture parfaitement *sage*, habituée à ne pas s'émouvoir des mouvements parfois insolites du débutant; plus tard, lorsqu'il aura acquis de l'assurance et de l'assiette, un cheval d'un naturel plus vif pourra lui être confié.

Nous avons dit que l'élève devait avoir aussi un corps souple; cette condition est indispensable, car nous verrons, dans les leçons qui suivent, qu'en équitation on ne peut se lier aux mouvements du cheval, pour ne faire qu'un avec lui, et qu'on ne peut résister à ses défenses que par la souplesse. Ce n'est point à dire que la vigueur physique soit un facteur négligeable, bien au contraire; mais il faut savoir l'employer à bon escient et non à tout propos; ce sont précisément les règles qui déterminent l'usage de ces moyens qui nous occupent et que nous nous proposons de mettre en pratique.

Quel est l'âge le mieux approprié pour l'étude de l'équitation? Nous pensons que le mieux serait de commencer dès l'enfance, et les exemples qui le prouvent sont nombreux. C'est l'âge où l'élève est le plus souple, le plus hardi, où il est le plus facile à façonner; s'il n'a pas encore toute la force voulue pour supporter un exercice trop prolongé ou trop fatigant, il se familiarise avec le cheval, il en prend le goût et se prépare à devenir, plus tard, un excellent cavalier. Mais, si, pour une raison quelconque, les débuts n'ont pu avoir lieu d'aussi bonne heure, il est encore temps dans l'adolescence, et même un peu plus tard, pour commencer une instruction sérieuse. Nous supposerons, prenant un terme moyen, que notre élève est âgé de seize à dix-huit ans et qu'il n'a jamais mis le pied à l'étrier. Comme nous l'avons dit, nous lui donnerons un cheval parfaitement dressé et froid, dont il va se faire un ami, en le traitant toujours avec douceur.

Un manège fermé est indispensable pour cette instruction où le cheval ni l'élève ne doivent être distraits par ce qui peut se passer au dehors. Les premières leçons seront employées à sauter à cheval et ensuite à sauter à terre, et au maniement des rênes du bridon. Le cheval sera, dans ce but, sellé, mais les étriers auront été retirés ou bien croisés sur l'encolure, et il portera un bridon.

Pour sauter à cheval, l'élève se placera à hauteur de l'épaule gauche du cheval, qui est tenu par un aide, et saisissant une poignée de crins sur l'encolure, avec la main gauche, l'extrémité des crins sortant du côté du petit doigt, il mettra la main droite, qui tient les rênes, sur le pommeau de la selle. Puis, fléchissant sur les jarrets, il s'enlèvera sur les deux poignets, restera un instant dans cette position, et passant la jambe droite par-dessus la croupe, il arrivera légèrement en selle. Aussitôt à cheval, il doit saisir une rêne de bridon dans chaque main, et placer les deux poignets à hauteur des coudes, les mains se faisant face à environ 15 centimètres l'une de l'autre, les doigts bien fermés, l'extrémité supérieure des rênes sortant du côté du pouce. Les rênes, modérément tendues, sont placées sur leur plat.

L'aide abandonne le cheval, dès que l'élève a pris les rênes, et ce dernier s'exerce au maniement des rênes du bridon qui est très simple et qui consiste à apprendre à raccourcir les rênes ou à les croiser dans une main et ensuite à les séparer; pour raccourcir la rêne droite, par exemple, il suffit de rapprocher la main gauche de la droite, en entr'ouvrant le pouce et le premier doigt, de saisir la rêne droite au-dessus et près de la main droite et de faire glisser cette même main de la longueur voulue; pour raccourcir la rêne gauche, on agit de la même façon. Si l'élève veut prendre les rênes dans une seule main, la gauche je suppose, il rapprochera cette main du milieu du corps, en la maintenant toujours à la même hauteur, et il y passera la partie de la rêne droite qui est dans la main droite, les rênes formant une boucle. Quant à la main droite, il la laissera tomber naturellement sur le côté, en arrière de la cuisse. Si maintenant l'élève veut reprendre les rênes dans les deux mains, il exécute le mouvement inverse en prenant avec la main droite la partie de la rêne droite qui est dans la main gauche, et replacera les deux poignets en face l'un de l'autre, comme il a été dit plus haut. Pour croiser les rênes dans la main droite, mêmes principes à appliquer.

Lorsque le maniement des rênes du bridon aura été répété plusieurs fois et bien compris, l'élève apprendra à sauter à terre de la façon suivante : prendre une poignée de crins sur l'encolure avec la main gauche, comme il a été indiqué déjà, après avoir croisé les rênes dans la main droite, qui se place sur le pommeau de la selle; s'enlever ensuite sur les deux poignets, marquer un léger temps d'arrêt dans cette position, la jambe droite réunie à la gauche, et arriver légèrement à terre sur la plante des pieds, en fléchissant les jarrets. Cet exercice est recommencé plusieurs fois jusqu'à ce qu'il soit exécuté correctement. Caresser fréquemment le cheval. On commence ensuite à faire marcher le cheval en lui faisant faire quelques tours de manège au pas. A cet effet, un aide à cheval, devant servir de conducteur, sera très utile en se plaçant devant l'élève, qui n'aura qu'à le suivre, dans les premiers temps. Après avoir fait trois ou quatre fois le tour du manège, se placer sur la ligne du milieu et sauter à terre, pour faire un repos de quelques minutes, après lequel l'élève saute de nouveau à cheval. Afin d'entretenir la souplesse, quelques exercices tels que flexion du rein en arrière et ensuite en avant, rotations des bras et des cuisses, flexions des jambes, le genou restant adhérent à la selle, élévation des cuisses pour apprendre à chercher le fond de la selle, etc., sont exécutés, d'abord le cheval étant arrêté, puis pendant sa marche. Ces assouplissements sont d'une exécution facile et très utiles pour donner au rein du liant, à la main et aux bras du moelleux et aux jambes la mobilité nécessaire pour agir sans à-coups. Nous n'insisterons pas sur le détail de ces mouvements qui sont d'un

Rotation des bras et flexion du rein en arrière.

usage courant aujourd'hui, et que tous les élèves des établissements d'instruction publique ont exécutés et connaissent. Le cavalier abandonne et reprend les rênes, suivant l'assouplissement à exécuter : ainsi, par exemple, pour la flexion du rein en arrière, il abandonne les rênes sur l'encolure et les reprend le mouvement terminé; il agit de même pour l'élévation des cuisses ou des bras, que le cheval soit de pied ferme ou en marche. Ces exercices sont continués quelques jours, et repris souvent dans le cours de l'instruction du cavalier.

On commence ensuite à donner à l'élève une première idée de l'allure du trot en lui faisant faire quelques tours de piste, toujours derrière un cavalier lui servant de conducteur. L'allure du trot n'est pas, dès le début, portée à sa vitesse normale, c'est à un trot ralenti que l'on commence; peu à peu on l'allongera pour arriver au degré voulu. L'élève doit chercher à se lier aux mouvements du cheval au trot bien plus par la souplesse que par la force, et en s'asseyant le corps un peu en arrière. S'il éprouvait trop de difficultés pour suivre les mouvements du cheval à cette allure, dans les premiers jours, il faudrait avoir recours à la longe, en d'autres termes, faire trotter le cheval au bout d'une longe tenue par un aide ; le cheval, obligé de parcourir un cercle, ne peut

Travail à la longe.

s'échapper, puisqu'il est tenu par la longe, et le jeune cavalier, mis en confiance, apprend peu à peu à s'habituer à l'allure du trot. Il se rend compte alors, son esprit étant libre d'autres préoccupations, que dans le trot le cheval imprime au cavalier des déplacements qu'il ne peut combattre que par le rein et le corps souples, en laissant tomber les jambes naturellement et en étant bien assis. Il devra éviter de tirer trop sur les rênes du bridon, qui ne doivent jamais servir de moyen de tenue à cheval, tout en ayant une certaine fixité dans les poignets, les rênes bien égales.

Dès que l'élève a acquis de l'assurance, la longe est abandonnée et l'on reprend l'étude de l'allure du trot sans son secours, en augmentant graduellement la durée des temps à cette allure, jusqu'à quatre à cinq tours de piste au plus. Les assouplissements faits au pas sont repris, le cheval marchant au trot. Le cavalier n'a pas à se préoccuper de la direction de son cheval, qui suit le conducteur, quand il abandonne les rênes; il les reprend s'il se trouvait trop rapproché de celui qui le précède, pour conserver une distance convenable (1^m,50 environ), de façon à éviter tout accident.

En somme, le jeune cavalier qui veut s'habituer promptement aux dures réactions du cheval au trot doit s'efforcer de bannir toute raideur, faute de quoi il ne tarderait pas à éprouver une fatigue telle qu'une chute en résulterait probablement.

Après quelques séances consacrées aux exercices que nous venons d'énumérer, et lorsque l'élève a pris une position suffisamment régulière au pas et au trot, il peut commencer l'étude du galop. De même que nous l'avons déjà vu, le secours de la longe sera très utile pour ces premières leçons du galop, le cheval parcourant un cercle de 6 à 8 mètres de rayon. Le cheval marchant au galop, le cavalier doit se lier à tous ses mouvements, les jambes restant immobiles et près du corps du cheval, le genou fixé à la selle; le corps doit conserver le même degré d'inclinaison que le cheval, qui est penché vers le centre du cercle. Le cavalier tient les rênes comme il a été prescrit, mais en ayant la rêne du dedans légèrement plus courte que celle du dehors du cercle.

On commence par faire galoper à main droite sur le cercle, ensuite on change de main, de façon à habituer le cavalier à cette allure dans les deux cas. Pour mettre le cheval à la nouvelle main, il est nécessaire de l'arrêter d'abord et de lui faire exécuter un demi-tour, avant de le faire partir de nouveau au galop

Tous les exercices que nous venons d'énumérer sont entrecoupés de fréquents repos, surtout dans les premiers temps, et le cavalier en profite pour examiner le harnachement, qui se compose, nous l'avons dit, d'une selle et d'un bridon, au début.

Comme il est indispensable de connaître les différentes parties qui composent le harnachement et de se rappeler leur nom, nous allons en faire une étude rapide.

La *selle anglaise* est la plus employée aujourd'hui et la plus commode, tant par sa légèreté que par sa simplicité; elle comprend l'*arçon*, le *siège* et les *accessoires*.

L'*arçon* est la partie rigide sur laquelle est fixée la selle; il est composé de deux *bandes*, s'appuyant sur les côtes et reliées par deux arcades : l'arcade de devant, dont la partie supérieure forme le *pommeau* et protège le *garrot;* c'est la limite du siège en avant; l'arcade de derrière ou *troussequin*, qui est destinée à protéger les reins du cheval et à donner à la partie postérieure du siège la largeur nécessaire pour permettre au cavalier de s'asseoir; on appelle aussi cette arcade *liberté de rognon.*

Selle anglaise.

L'arçon est généralement en bois de hêtre ; on en fait aussi en acier.

Lorsque l'arçon est recouvert par le siège et les *quartiers*, il forme le *corps de selle*, qui est complété par les *faux-quartiers* et les panneaux.

Le siège, en peau de cochon, est fixé sur l'arçon.

Les quartiers fixés sur les bandes dissimulent les contre-sanglons.

Les faux-quartiers placés au-dessous préservent le cheval du contact des boucles de sangle.

Les panneaux se composent de deux coussinets de flanelle ou de toile rembourrés, qui préservent le dos du cheval du contact de l'arçon.

Les accessoires de la selle sont : les *sangles*, les *étriers* et les *étrivières*.

Les *sangles* se composent de deux bandes de tissu en fil, assez larges, ou d'une seule en ficelle, portant à chaque extrémité un boucleteau en cuir et une boucle destinée à être fixée aux contre-sanglons, qui sont placés au-dessous des faux-quartiers. Elles servent à fixer la selle sur le dos du cheval.

Les *étriers* servent à supporter la jambe du cavalier et sont en fer ou en acier poli ; ils se divisent en *œil*, *branches* et *semelle*.

Les *étrivières*, qui servent à supporter les étriers, se composent de deux longues bandes de cuir ayant une boucle à une extrémité qui sert à les allonger ou à les raccourcir à volonté ; elles sont fixées à la selle par des porte-étrivières en acier, munis d'un ressort.

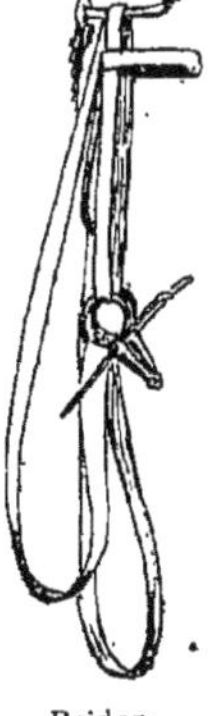
Bridon.

La selle est placée directement sur le dos du cheval ou bien on met au-dessous, pour atténuer son contact, un *tapis de feutre* ou de *cuir ;* mais avec une selle convenablement rembourrée on peut très bien se passer du tapis.

Le *bridon* se compose de pièces en cuir et en métal et se divise en *monture*, *mors* et *rênes*.

La monture est elle-même composée du *dessus de tête*, qui supporte les *montants* placés le long des joues, et du *frontal*, qui est destiné à empêcher le dessus de tête de glisser en arrière. Les montants servent à suspendre le mors.

Le mors de bridon est fait de deux canons s'articulant à deux brisures et sert de moyen de conduite du cheval; il est en fer ou en acier.

Les rênes, composées de longues bandes de cuir

terminées par des boucles, sont assujetties aux anneaux du mors de bridon. Les bridons ont deux ou quatre rênes, suivant les besoins. Les rênes servent à transmettre au cheval la volonté du cavalier, à le diriger, à l'arrêter.

Manière d'ajuster une selle et de seller. — Le jeune cavalier étant initié à la connaissance des différentes parties qui composent une selle, il est nécessaire qu'il sache la placer sur le dos du cheval d'une façon convenable. A cet effet il se conformera à ce qui suit : placer la selle nue, c'est-à-dire sans tapis, sur le dos du cheval, et regarder si la forme est en rapport avec le dos; pour cela il faut que les deux arcades laissent une grande liberté au garrot et au rein lorsqu'un cavalier est en selle. Les lames doivent porter à plat sans comprimer les côtes et être à environ deux doigts de l'épine dorsale; on doit pouvoir passer le doigt sous leur bord intérieur. Comme il ne faut pas que l'arçon gène le mouvement de l'épaule, on laissera une largeur de trois doigts entre elle et la partie antérieure de la lame ou bande. Quand ces diverses conditions seront réunies, le cavalier s'exercera à *seller*, de la façon suivante :

Manière de seller.

S'approcher du cheval du côté gauche en l'abordant

sans brusquerie, placer sur son dos le tapis, s'il y a lieu, en le passant deux ou trois fois d'avant en arrière afin de lisser le poil. Placer ensuite le corps de selle sur le dos ou sur le tapis, en le tenant de la main gauche sous l'arcade de devant, et de la main droite sous celle de derrière, la sangle préalablement bouclée du côté droit et relevée sur le siège. La selle doit être posée doucement sur la partie antérieure des bandes, comme il a été dit plus haut. Relever, avec la main, la partie du tapis qui est voisine du garrot et dégager les crins qui pourraient être pris au-dessous. Boucler ensuite la sangle avec modération, sans trop la serrer d'abord. Prendre ensuite les étriers avec leurs étrivières et les fixer à leurs supports, ou bien abattre simplement les étriers s'ils étaient déjà suspendus à la selle. Serrer alors la sangle, mais en laissant assez de jeu pour passer les doigts entre elle et le corps du cheval.

Manière de desseller. — L'élève, après avoir appris à seller, devra s'exercer à retirer la selle de sur le dos du cheval, ce qui s'appelle *desseller ;* il s'en acquittera de la manière suivante : déboucler d'abord la sangle du côté gauche, puis passer à droite, faire la même opération et retirer la sangle, dégager ensuite les étrivières de leur support, ou bien faire glisser les étriers jusqu'à la partie supérieure des étrivières qu'on laisse pendantes. Enlever ensuite la selle en la prenant avec la main gauche sous l'arcade de devant et avec la main droite sous celle de derrière. Retirer ensuite le tapis, avoir soin pendant l'opération de ne laisser pendre aucun cuir susceptible de chatouiller le cheval, ce qui pourrait être cause d'une ruade ou d'un coup de pied.

Manière de bridonner. — Pour passer le bridon à la tête du cheval ou *bridonner*, le cavalier se placera du côté gauche et un peu en avant. Prendre le bridon par le dessus de tête ou *têtière*, l'élever à hauteur et en avant de la tête du cheval, saisir le mors avec la main gauche, l'engager dans la bouche, puis passer les oreilles entre le frontal et le dessus de tête. Dégager ensuite le toupet, boucler la sous-gorge sans trop la serrer, et passer les rênes par-dessus l'encolure. Pour enlever le bridon de la tête du cheval, avancer les rênes par-dessus la tête, avec la main droite, les passer par-dessus les oreilles et les laisser tomber sur le bras gauche, déboucler la sous-gorge et retirer le bridon en dégageant d'abord l'oreille droite.

Manière de bridonner.

Position du cavalier à cheval.

CHAPITRE III

POSITION DU CAVALIER A CHEVAL. — DES AIDES

POSITION DU CAVALIER A CHEVAL. — Nous venons de donner au cavalier ce qu'on pourra appeler une instruction préparatoire; il est en confiance sur son cheval, et il a une idée des allures, dont il ne connaît pas encore le mécanisme, de même qu'il n'a pu encore se rendre compte de l'effet exact des rênes et des jambes. Avant de commencer l'étude de ces parties de l'équitation, qui nous occuperont dans la suite, nous avons à traiter la question de la *position du cavalier à cheval*, qui est de la plus grande importance. La position que nous allons détailler est un modèle accepté par tous les hommes de cheval et les écuyers, et dont il faut s'efforcer de se rapprocher le plus possible; ce résultat ne peut s'obtenir que par une longue habitude, un relâchement progressif des membres et du corps.

Les fesses porteront également sur la selle et le plus en avant possible : parce que, si le cavalier n'avait pas les fesses portant également sur la selle, il ne serait pas en équilibre, ce qui l'exposerait à une chute ou à causer une blessure sur le dos du cheval. Il faut en même temps qu'il les porte le plus en avant possible, parce que, s'il les avait en arrière, il n'aurait pas une base aussi large pour s'asseoir et ne pourrait pas résister facilement à une défense du cheval telle que la ruade, par exemple; il serait exposé à être rejeté vers l'encolure et peut-être à terre, n'ayant pas la facilité par sa position de porter le corps en arrière. De plus, il est exposé à se blesser sur le troussequin. Ce danger est prévenu par l'élévation des cuisses, et on prescrit au cavalier de saisir le pommeau avec les deux mains pendant le mouvement, pour attirer les fesses en avant, de façon à trouver le fond de la selle.

Les cuisses seront tournées sans effort sur leur plat et embrasseront également le cheval : il faut que les cuisses soient tournées sur leur plat, c'est-à-dire la partie interne en contact avec la selle, parce que leur forme dans cette région est en rapport avec la convexité du cheval, et doit donner une adhérence plus parfaite. De plus, si les cuisses n'étaient pas tournées sur leur plat, le genou serait ouvert et le cavalier aurait le jarret en contact avec le cheval, ce qu'il faut éviter avec soin, parce qu'il en résulterait que le cavalier piquerait avec l'éperon malgré lui, et ne pourrait pas se servir des jambes correctement. Mais il ne faut pas tomber dans l'excès contraire, qui consiste à tourner les cuisses trop en dedans, parce qu'alors il y a effort et que la jambe est contractée et éloignée du corps du cheval. Les cuisses doivent embrasser également le cheval, parce que, si l'une était plus remontée que l'autre, l'assiette en serait forcément dérangée et la première condition ne serait plus remplie.

Les cuisses ne s'allongeront que par leur propre poids et par celui des jambes : parce que les cuisses ne doivent être ni trop remontées, ni trop descendues; elles doivent avoir une direction intermédiaire. Si elles se rapprochent trop de l'horizontale, le cavalier n'a pas la solidité d'assiette nécessaire, les genoux remontent facilement et il ne peut pas embrasser le cheval : dans ce cas on le dit *raccroché*. Si les cuisses sont presque verticales, la solidité du cavalier est plus grande, mais il y a de la raideur dans ses membres et il ne peut se servir des jambes à propos. Le cavalier est *sur l'enfourchure.*

Le pli des genoux sera liant : pour permettre aux jambes de se plier facilement, ce qui n'aurait pas lieu si c'était le jarret qui était en contact avec la selle.

Les jambes, libres, tomberont naturellement : parce que, si les jambes n'étaient pas libres et ne tombaient pas par leur propre poids, il y aurait de la raideur et qu'elle se communiquerait aux cuisses.

Le rein sera soutenu sans raideur : pour que le cavalier ait de la grâce et qu'il puisse se lier, mais sans s'abandonner, aux mouvements du cheval, quels qu'ils soient, réactions ou défenses.

Le haut du corps aisé, libre et droit : pour donner de la noblesse à l'attitude du cavalier.

Les épaules également effacées : de façon que le cavalier soit assis carrément, ce qui n'a pas lieu si une épaule est plus en avant que l'autre.

Les bras libres, les coudes tombant naturellement : les bras doivent être libres pour donner le moelleux nécessaire à la main. Les coudes doivent tomber naturellement, c'est-à-dire avoir une direction se rapprochant de la verticale, parce qu'il est déplaisant de voir un cavalier portant ses coudes en arrière ou écartés; il doit les avoir constamment près du corps.

La tête droite, aisée et dégagée des épaules : afin que le cavalier conserve un parfait équilibre, ce qui n'aurait pas lieu si la tête penchait à droite ou à gauche, et qu'il ait la grâce indiquant qu'il n'y a aucune contrainte dans son attitude.

Dans la position à cheval que nous venons de décrire, il y a des parties *fixes* et des parties *mobiles ;* les parties fixes sont les cuisses et le genou, qui doivent toujours rester immobiles, sauf le cas où les réactions du cheval obligent le cavalier à céder, momentanément, à l'impulsion qu'il ressent. Exemple : dans le *trot enlevé* ou *trot à l'anglaise*. Mais, dans ce cas même, il n'y a que la cuisse qui s'éloigne légèrement de la selle; quant au genou, il reste comme rivé et sert de pivot.

Les parties mobiles sont le buste et les jambes; elles peuvent être déplacées suivant la volonté du cavalier, soit qu'il s'en serve comme aide, soit que ce soit pour adoucir les réactions ou pour résister aux défenses du cheval.

La position du cavalier à cheval que nous donnons comme modèle doit être observée lorsque le cheval est de pied ferme, mais elle peut être modifiée dans bien des circonstances. Exemples : dans le galop de course, le cavalier porte légèrement le corps en avant, pour décharger l'arrière-main; dans la ruade on recommande au cavalier de porter le corps en arrière pour combattre cette défense, etc.

Des aides. — On appelle *aides*, en équitation, l'action des rênes et des jambes. Suivant que l'on emploie les unes ou les autres isolément ou en les combinant, on obtient des effets variables. Nous allons examiner successivement les effets des rênes prises isolément, puis ensemble; nous nous occuperons ensuite des effets produits par les jambes et enfin de l'accord qui doit exister entre les aides.

Des rênes. — Considérons, par exemple, l'action isolée de la rêne droite de bridon ; nous constatons qu'elle produit deux effets :

1° La tête et l'encolure du cheval sont attirées vers la droite, si nous ouvrons la rêne droite, en la portant franchement à droite.

On l'appelle la *rêne directe.*

2° La tête est attirée vers la droite, et la masse de l'encolure est poussée vers la gauche, si nous appuyons la rêne droite sur l'encolure. C'est la *rêne opposée*.

Si nous nous servons de la rêne gauche, nous obtenons les effets inverses. Mais les effets produits ont leur contre-coup sur l'arrière-main qui éprouve un déplacement de côté d'autant plus grand que la traction exercée d'avant en arrière sur la rêne est plus prononcée.

Combinons l'action des deux rênes, rêne directe et rêne opposée : nous obtenons des effets qui découlent de l'action de chaque rêne, mais beaucoup plus corrects parce qu'ils se corrigent l'un l'autre.

Les rênes servent à diriger le cheval, à ralentir son allure et à l'arrêter. Mais en dirigeant son cheval le cavalier ne doit pas paralyser l'élan de sa monture, de façon à ne pas gêner sa franchise dans la marche en avant qu'il faut au contraire toujours entretenir. Selon que la traction exercée sur les rênes est plus ou moins forte, l'effet des rênes sur la bouche du cheval est plus ou moins sensible.

Il faut tenir compte aussi de la position de la tête, qui peut être plus ou moins rapprochée de la verticale ; dans ce cas, le cavalier élève un peu les poignets, et il doit les baisser si le cheval portait, au contraire, le nez au vent.

Des jambes. — Les jambes n'ont d'action que sur l'arrière-main, et leur pression n'agit que dans un sens unique ; c'est-à-dire que l'on n'obtient avec les jambes que le mouvement en avant ou le changement de direction.

Rendons-nous compte de ces effets :

1° Le cavalier ferme la jambe droite ; le cheval répond en déplaçant les hanches vers la gauche et fait face à droite.

Position du cavalier à cheval.

2° Le cavalier ferme la jambe gauche ; le cheval exécute le mouvement inverse et fait face à gauche.

3° Le cavalier ferme en même temps les deux jambes ; le cheval poussé des deux côtés à la fois est obligé de se porter en avant. S'il ne répondait pas à la pression des jambes de cette manière, c'est que son dressage serait défectueux. Plus la pression des jambes est exercée en arrière des sangles, plus leur effet est sensible.

Les jambes servent à mettre en marche le cheval lorsqu'il est arrêté, à le faire passer d'une allure lente à une allure vive et à le soutenir dans son allure. Elles servent aussi à aider le cheval à tourner à droite ou à gauche, et à mobiliser ses hanches dans certains mouvements qui nous occuperont.

De l'accord des aides. — On entend par *accord des aides* la relation qui doit exister dans tout mouvement entre les rênes et les jambes concourant au même résultat. Cet accord doit toujours exister, afin que chaque aide prise isolément, qui agirait d'une façon trop faible ou trop énergique dans un mouvement, ait son action corrigée de manière à ne causer aucun changement d'allure.

Il faut que l'accord existe : 1° entre les rênes; 2° entre les jambes; 3° entre les rênes et les jambes.

Par exemple, lorsque le cheval est tourné à droite, il doit y avoir accord des rênes : l'action de la rêne droite attire la tête à droite, mais elle est complétée et limitée par celle de la rêne gauche qui vient régulariser le mouvement.

De même entre les jambes, dans ce mouvement de tourner à droite : la jambe droite exerçant une pression range la hanche, à gauche; mais la jambe gauche, surveillant en quelque sorte le mouvement, vient contenir ces mêmes hanches, et les arrêter au degré voulu.

Enfin l'accord entre les rênes et les jambes est nécessaire parce que, si les jambes, par exemple, provoquent une trop grande accélération d'allure, la main, au moyen des rênes, vient atténuer cette augmentation involontaire; de même, si la main provoquait un mouvement rétrograde trop prononcé, l'action des jambes servirait à modifier cet effet et à le régulariser.

Des jambes.

CHAPITRE IV

DU PAS. — DU TOURNER

Du PAS. — Le pas est l'allure que le cheval peut soutenir le plus longtemps, parce que c'est une allure

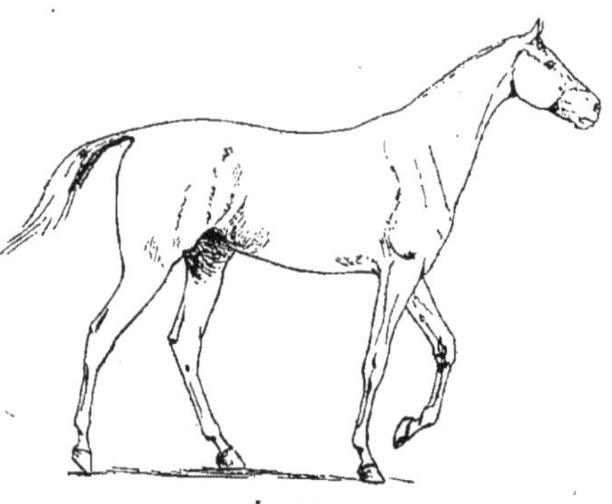

Le pas.

lente et par conséquent peu fatigante; elle n'exige pas la dépense d'une aussi grande force musculaire que le trot et le galop.

Son mécanisme s'opère par bipèdes diagonaux; par exemple, si c'est le pied gauche de devant qui entame la marche, c'est le pied droit de derrière qui se lève après, et ensuite pied droit de devant et pied gauche de derrière. Les pieds continuent à reprendre terre dans le même ordre; il y a toujours deux pieds à l'appui et deux en l'air.

La vitesse moyenne du pas est de 115 mètres à la minute.

Elle peut même être portée à cent vingt mètres, mais il faut que le cheval y soit amené par un exercice journalier l'habituant à se développer.

Rassembler son cheval. — Tout mouvement demandé au cheval doit être précédé d'un avertissement, parce qu'il faut éviter de le surprendre; on avertit son cheval en le *rassemblant;* pour rassembler son cheval, rapprocher les jambes du corps, en élevant un peu les poignets. Le cheval ainsi sollicité ramène légèrement ses membres sous lui, vers son centre de gravité, et se tient prêt à obéir au cavalier.

L'arrêt.

Marcher et arrêter.— Le cheval étant placé droit sur la ligne du milieu du manège ou sur la piste, pour le porter en avant au pas, le cavalier ferme les jambes sans brusquerie, après l'avoir rassemblé, et les porte plus ou moins en arrière des sangles suivant la sensibilité du cheval, en évitant de remonter les genoux. Puis le cavalier *rend la main*, c'est-à-dire baisse les poignets de façon à permettre à l'encolure de s'étendre; le cheval se porte en avant au pas.

Après avoir parcouru quelques mètres en marchant droit, le cavalier arrête. Pour cela, il doit s'asseoir en se grandissant du haut du corps et élever les poignets progressivement.

En même temps, il tient les jambes près pour empêcher le cheval de se traverser ou pour que l'arrêt ne dégénère pas en recul. Lorsque le cheval est arrêté, le cavalier reprend la position normale des mains et des jambes.

Afin que ces mouvements soient exécutés d'une façon convenable, il faudra les répéter souvent, le jeune cavalier ne se servant pas généralement des aides avec la progression et le calme voulus, dans les premiers temps.

Il lui arrive quelquefois de ne pas rassembler son cheval et de le surprendre brusquement; d'autres fois l'action de ses jambes sera insuffisante et il n'obtiendra pas ce qu'il sollicite de sa monture. Dans l'arrêt surtout il arrive fréquemment que le cheval se traverse ou recule de quelques pas, soit que la traction opérée sur les rênes soit trop forte, soit que les jambes ne soient pas assez près ; il faut éviter avec le plus grand soin de faire reculer le cheval dans l'arrêt : la conséquence serait de le *mettre sur les jarrets* et d'amener des tares de cette région.

Il arrive aussi que le cheval ne s'arrête pas facilement, soit qu'il ait un naturel trop chaud, soit que le cavalier n'agisse pas assez fortement sur les rênes; il faudra alors faire sentir alternativement l'une et l'autre rêne, c'est-à-dire *scier du bridon*..

Scier du bridon.

Allonger le pas et le ralentir. — Pour allonger le pas, le cavalier emploie les moyens indiqués pour passer de l'arrêt au pas, c'est-à-dire qu'il ferme les jambes par degrés pour obtenir l'accélération d'allure tout en rendant la main; mais il doit éviter de provoquer l'allure du trot, et pour cela il faut qu'il limite l'action de ses aides.

Le cavalier doit observer de quelle façon le cheval allonge le pas; il voit que lorsqu'il augmente l'étendue du pas il accélère peu à peu le balancement de l'encolure, que lorsqu'il précipite la cadence du pas c'est le mouvement de l'encolure qui s'accentue, et que si le cheval prend le trot il lance en avant deux membres diagonaux en commençant par celui de derrière.

Il faut en conséquence, pour allonger le pas, que le cavalier laisse à l'encolure la liberté nécessaire pour se détendre, en diminuant progressivement la traction sur les rênes, sans abandonner le cheval. Si le cavalier s'aperçoit que le cheval va prendre le trot, il diminue l'action des jambes, en portant le poids du corps en arrière.

Pour ralentir le pas, le cavalier emploie les mêmes moyens que pour passer du trot au pas, en limitant l'action de ses aides, de façon à arriver à faire marcher le cheval à pas comptés, droit devant lui; il doit sentir le lever et le poser de chaque membre antérieur.

Ralentissement du pas.

L'allongement du pas a l'avantage, lorsqu'il est fait d'une manière suivie, de donner de l'extension aux mouvements de l'épaule et de forcer l'encolure à se détendre, ce qui a pour conséquence de décharger l'arrière-main. Il permet, de plus, de parcourir une plus grande distance dans un même temps.

Le pas ralenti allège l'avant-main.

Tourner a droite et a gauche. — Jusqu'ici le cheval en arrivant dans les angles du manège, ou en quittant la ligne qui l'amène sur la piste, a tourné à droite ou à gauche de son propre mouvement, soit qu'il ait eu un conducteur devant lui et qu'il l'ait suivi, soit qu'il ait obéi à l'impulsion de l'habitude; le jeune cavalier ne l'a pas obligé à tourner d'un côté plutôt que d'un autre, et il ne s'est pas rendu compte du mécanisme de ce mouvement. Nous allons examiner quels seront les moyens à employer pour faire tourner le cheval à droite, puis à gauche, suivant la volonté du cavalier.

Il y a quatre moyens à la disposition du cavalier pour faire tourner le cheval à droite: 1° par la rêne droite ou rêne directe; 2° par la rêne gauche ou rêne opposée; 3° par la jambe droite; 4° en combinant ces trois moyens et en y ajoutant l'action de la jambe

Rassembler le cheval.

gauche, autrement dit tourner par l'accord des aides.

Le tourner à gauche s'obtient d'après les mêmes principes et par les moyens inverses.

Rêne droite. — Si le cavalier ouvre la rêne droite, c'est-à-dire qu'il porte franchement la main à droite, la tête et l'encolure sont attirées vers la droite, et les hanches sont repoussées vers la gauche. Le cheval fait face à droite, mais il se produit un léger mouvement de recul s'il est de pied ferme et, s'il est en marche, il y a diminution d'allure.

Rêne gauche. — Si le cavalier appuie la rêne gauche contre l'encolure, la masse sera refoulée vers la droite et le cheval sera amené à faire face à droite ; mais le ralentissement dans l'allure et l'effet de recul sont encore plus sensibles que dans le cas qui précède.

Jambe droite. — En fermant la jambe droite, les hanches sont poussées vers la gauche et le cheval fait encore face à droite. Si le cheval est arrêté, il en résulte un mouvement en avant ; si, au contraire, il marche, il y a augmentation d'allure. Les effets produits par la jambe gauche sont analogues et inverses.

Ce qui précède nous fait voir que les trois moyens employés peuvent servir à faire tourner le cheval à droite ou à gauche, par l'usage isolé de chacun d'eux. Mais le mouvement est pénible, puisqu'il y a ou accélération ou ralentissement d'allure, ou mouvement rétrograde. Il importe donc de trouver une combinaison des aides qui permette de tourner facilement. Ce résultat sera atteint par l'accord des aides.

Tourner par l'accord des aides. — Le cavalier s'étant rendu compte des effets distincts de chaque rêne, et des jambes isolément, combine ces moyens de la façon suivante. Le cheval étant en marche sur la piste, pour tourner à droite, le cavalier ouvre la rêne droite, qui attire la tête du cheval de ce côté, et appuie la rêne gauche sur l'encolure, en la tendant légèrement, pour régulariser l'action de la rêne droite. En même temps, il porte la jambe droite un peu en arrière des sangles, pour soutenir et appuyer le mouvement, tout en contenant les hanches avec la jambe gauche, pour limiter leur déplacement. On tourne à gauche d'après les mêmes principes.

Le cavalier arrivera, par l'habitude et le tact, à graduer l'emploi des aides. Il cherchera à obtenir tous les mouvements demandés au cheval, par des indications des mains et des jambes aussi légères que possible.

Tourner à droite.

Changement de main.

CHAPITRE V

RECULER. — MOUVEMENTS EN DEDANS DES PISTES

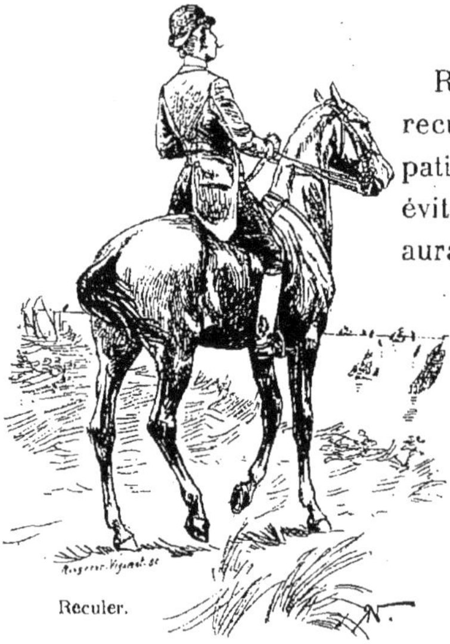

Reculer.

RECULER. — Le mouvement de reculer demande beaucoup de patience et de douceur; il faut éviter toute précipitation, qui aurait pour effet l'acculement, principe de plusieurs défenses du cheval. Le meilleur emplacement pour exécuter d'abord ce mouvement sera la ligne du milieu du manège; on le répétera ensuite sur la piste ou sur tout autre point.

Pour reculer, le cavalier rapproche les jambes du corps du cheval et élève les mains par degrés, pour se mettre en communication avec la bouche, en s'asseyant et assurant le haut du corps. Le cheval répond en faisant un pas en arrière; baisser aussitôt les poignets, et recommencer deux ou trois fois seulement. Progressivement on augmentera le nombre de pas, jusqu'à cinq ou six au plus.

Il est recommandé au cavalier de s'asseoir en portant légèrement le haut du corps en arrière, parce que, sans cela, le mouvement du cheval en arrière aurait pour effet de le faire pencher en avant; de même il doit rendre la main pour faire cesser la traction des rênes, qui mettrait le cheval sur les jarrets.

Si le cheval résistait à l'action des rênes, il faudrait scier du bridon; si ce moyen ne suffisait pas, il faudrait déterminer le cheval en lui faisant faire d'abord quelques pas en avant, ou lui déplacer les hanches en fermant l'une des jambes, et profiter de ce déplacement pour le porter en arrière.

Le cheval peut jeter les hanches de côté en reculant sans y être amené par le cavalier; dans ce cas, il suffira de fermer la jambe du même côté; quelquefois ce moyen n'est pas suffisant: alors il faut *opposer les épaules aux hanches*, ce qui consiste à ouvrir, puis tirer la rêne, du même côté que celui où le cheval jette les hanches, en soutenant de la rêne opposée.

Il y a des chevaux qui reculent trop vite; on combat ce défaut en cessant l'action des mains et en augmentant celle des jambes.

Le cheval léger à la main et bien mis exécute toujours le reculer avec facilité; lorsque ce mouvement est pénible, il en résulte une exécution difficile des changements d'allure ou de direction, le rein n'ayant pas la souplesse nécessaire.

Mouvements en dedans des pistes. — Les mouvements en dedans des pistes comprennent le *doubler*, le *changement de main*, la *volte* et la *demi-volte*. Ces exercices ont pour but de développer chez le cavalier l'habitude de conduire son cheval dans toutes les directions et de l'obliger à se servir des aides.

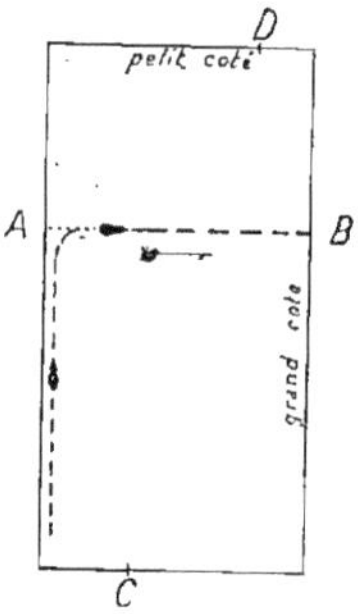

Fig. 1.

Doubler. — On entend par *doubler* un mouvement s'exécutant sur n'importe quel point du grand ou du petit côté et se composant de deux à-droite ou de deux à-gauche reliés par une ligne droite perpendiculaire aux deux pistes. Le doubler a pour but de faire appliquer les règles qui ont été données pour le tourner.

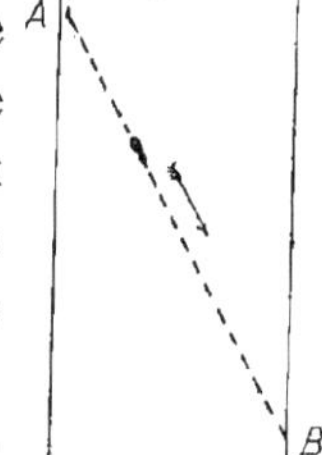

Fig. 2.

Le cavalier marchant à main droite sur le grand côté du manège (fig. 1), en arrivant à un pas du point A, par exemple, tourne son cheval à droite, traverse le manège dans sa largeur, en se dirigeant sur le point B par une ligne droite perpendiculaire au grand côté. Arrivé à un pas ou deux du point B, il tourne de nouveau son cheval à droite. Il a exécuté un *doubler dans la largeur*.

Si le cavalier exécute son mouvement sur l'un des

petits côtés, au point C ou D, je suppose, le doubler prendra le nom de *doubler dans la longueur*. Le doubler se fait indifféremment à main droite ou à main gauche.

Doubler dans la largeur.

Changement de main. — Le changement de main consiste dans le parcours par le cavalier d'une ligne diagonale reliant les angles des grands côtés et se terminant à la nouvelle main, c'est-à-dire à main gauche, si le cavalier était à main droite avant de commencer le mouvement, et réciproquement. Ainsi le cavalier étant à main gauche sur la piste, après avoir dépassé le coin du manège (fig. 2) et avoir parcouru trois ou quatre pas sur le grand côté, se dirige du point A vers le point B, situé à trois ou quatre pas du coin opposé, par une ligne diagonale AB; en arrivant au point B, il rentre sur la piste à main droite. Le cavalier se conforme aux principes du doubler, mais n'exécute qu'un demi à-droite (ou à-gauche) pour quitter la piste et pour la reprendre. Le changement de main s'exécute de même à main droite.

Volte.

Volte. — La volte se compose d'un cercle d'un diamètre égal à la moitié du petit côté et tangent à la piste. A mesure que le cavalier accomplit des progrès, le diamètre de la volte peut être diminué (fig. 3).

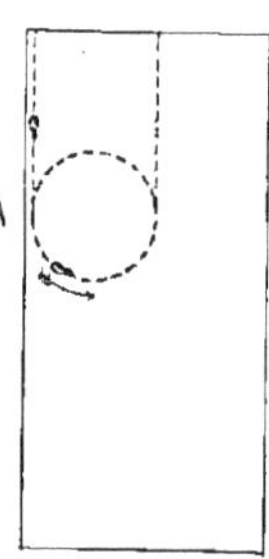

Fig. 3.

Dans la volte le cavalier, ployant son cheval, doit obtenir qu'il fasse passer les épaules et les hanches par les mêmes points. Pour cela, il se conforme à ce qui est prescrit pour le tourner; il contient les hanches avec la jambe du dehors, tout en mollissant avec la jambe du dedans. On remarque, en effet, que les hanches se déplacent plus facilement que les épaules lorsque le cheval est sur un cercle étroit et que, au lieu de se ployer sur le cercle et de tracer une courbe régulière, il a une tendance à la remplacer par une série de lignes droites; ce défaut rendrait le mouvement inutile puisqu'il est fait pour assouplir le cheval, mais en même temps, et surtout, pour confirmer le cavalier dans l'usage des aides.

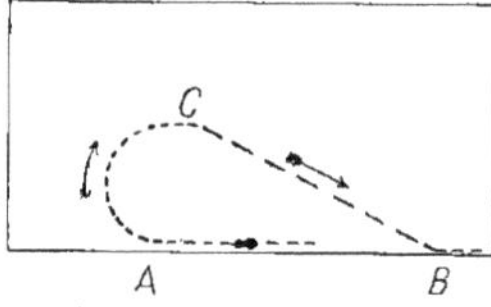

Fig. 4.

Le cavalier étant en marche sur la piste à main droite et arrivant au point A, par exemple, décrit un cercle (fig. 3) du diamètre indiqué, et reprend la piste au point où il l'a quittée, à la même main. Il se conforme à ce que nous venons de dire pour les aides inférieures, relativement aux hanches, et il attire légèrement la tête et les épaules en dedans au moyen de la rêne droite, que l'effet de la rêne gauche vient accompagner et compléter. Pendant la durée de la volte, le cavalier conserve le même degré d'inclinaison que le cheval. La volte s'exécute sur tous les points de la piste, sauf dans les angles, où l'espace manquerait, et indifféremment à main droite ou à main gauche.

Demi-volte. — La demi-volte se compose d'un demi-cercle, de même diamètre que celui de la volte, suivi d'un changement de main.

Le cavalier marchant à droite et arrivant au point C dirige son cheval diagonalement sur le point A sur le grand côté (fig. 4), décrit un demi-cercle qui le conduit du point C sur la ligne du milieu au point B où il reprend la piste à main gauche.

La direction de la ligne CB doit être sensiblement parallèle à celle de la diagonale du changement de main.

La demi-volte, qui se fait aux deux mains, a l'avantage de réunir dans un seul mouvement l'étude de deux autres et de préparer le cheval au demi-tour sur les hanches en rétrécissant de plus en plus son diamètre.

Demi-volte.

Le trot.

CHAPITRE VI

DU TROT

Le trot est une allure vive dans laquelle le cheval doit faire des battues régulières et cadencées par bipèdes

La suspension. Le trot. L'appui.

diagonaux. Entre chaque battue il y a un léger intervalle pendant lequel le cheval n'a aucun membre à l'appui, et alors il se trouve en l'air momentanément.

Je suppose que le cheval entame l'allure par le membre antérieur droit et le membre postérieur gauche : ce sera le bipède diagonal gauche qui se lèvera ensuite, et, entre l'appui des deux paires diagonales, il y aura suspension très rapide.

Le grand trot.

Comme vitesse, le trot tient le milieu entre le pas et le galop; le cheval doit parcourir en moyenne 240 mètres à la minute à cette allure, qui est celle qui convient le mieux aux parcours longs et rapides. Le cavalier ressent au trot des réactions sensibles qui provoquent un mouvement d'élévation et d'abaissement se produisant à intervalles égaux. Ces réactions varient d'un cheval à l'autre en intensité; il y a des chevaux chez lesquels elles sont à peu près nulles.

Le trot. — L'appui.

Passer du pas au trot. — Pour passer du pas au trot, rassembler d'abord son cheval, lui faire sentir l'action des jambes en les portant en arrière des sangles, et baisser les poignets, en conservant le contact de la bouche, pour permettre à l'encolure de s'allonger ; amener ainsi progressivement le cheval à prendre l'allure voulue. Dès que le cheval aura pris le trot, tenir les jambes près et soutenir les poignets pour l'entretenir dans son allure.

Si le cheval prend un trop grand appui sur le mors, qu'il *tire à la main*, il faut baisser les poignets pour qu'il ralentisse l'allure, ne se sentant plus soutenu. Si, au contraire, le cheval ne se livre pas, que son allure ne soit pas franche, le cavalier devra augmenter l'action des jambes en soutenant les poignets.

Quand le cavalier a parcouru la piste du manège trois ou quatre fois, il passe au pas ; pour passer au pas, il emploie les mêmes moyens que pour passer du pas à l'arrêt, en cessant l'action des jambes et en élevant les poignets. Il évite de passer brusquement du trot au pas, et s'applique au contraire à agir avec progression, ce qui s'appelle *éteindre l'allure*.

Allonger le trot. — Pour allonger le trot, le cavalier augmente la pression des jambes et baisse les poignets en graduant insensiblement ces effets. Si le cheval hésite à allonger, le maintenir un certain temps à un trot modéré et l'amener peu à peu, par l'action des jambes et en soutenant les poignets, au degré de vitesse voulu ; il faut éviter de lui laisser prendre le galop, ce qui arrive lorsque les membres postérieurs précipitent leur mouvement. Lorsque le trot allongé est obtenu, le cavalier le maintient en dirigeant son cheval droit et en sentant un appui égal sur les poignets. Pour être bien lié aux mouvements du cheval et pour calmer facilement la précipitation des membres postérieurs, le cavalier doit être bien assis ; sa bonne assiette et la fixité de ses poignets disposent le cheval à embrasser le terrain avec confiance et à cadencer son allure.

Ralentir le trot. — Pour ralentir le trot, le cavalier diminue graduellement l'action des jambes en augmentant celle des poignets, c'est-à-dire en les rapprochant du corps. Mais il ne faut pas que le ralentissement dégénère en une allure trop lente, c'est-à-dire que le trot se change en pas ou en trot sur place; pour obvier à cet inconvénient, le cavalier, tout en soutenant les poignets, corrigera leur action par celle des jambes qui viendront soutenir l'allure.

Passer de l'arrêt au trot et du trot à l'arrêt. — Le cavalier étant arrêté sur la piste peut prendre le trot sans mettre son cheval au pas avant d'entamer cette allure : à cet effet il emploie les mêmes moyens que pour passer de l'arrêt au pas, mais il fait sentir l'action de ses aides inférieures d'une façon plus accentuée tout en réglant, au moyen des poignets, leurs effets au degré voulu.

Le cavalier marchant au trot passe à l'arrêt en employant les moyens indiqués pour passer du trot au pas et du pas à l'arrêt, mais sans interrompre leur action. Il a soin de tenir les jambes près au moment où le cheval s'arrête, de façon à éviter le recul. Le cavalier doit aussi empêcher le cheval de se traverser en jetant les épaules ou les hanches vers l'intérieur du manège; il se servira soit de la rêne du dedans, soit de la jambe du même côté, pour mettre le cheval droit sur la piste.

Répétition des exercices à l'allure du trot. — Les mouvements qui ont été exécutés jusqu'ici, tels que : tourner à droite ou à gauche, doubler, changer de main, volte, demi-volte, sont repris et répétés à l'allure du trot. Ils contribuent beaucoup à assurer l'assiette du cavalier et à développer son habileté dans la conduite du cheval.

Le jeune cavalier doit s'astreindre à monter longtemps sans le secours des étriers, et devra trotter souvent en abandonnant complètement les rênes, ce qui est la meilleure leçon pour lui donner la solidité nécessaire et l'empêcher de s'habituer à considérer les rênes comme un moyen de tenue. Comme nous l'avons déjà vu, un conducteur monté est indispensable chaque fois que l'élève abandonne les rênes; le cheval n'étant plus dirigé par les rênes suivra le conducteur.

Passer du pas au trot.

Des mouvements de deux pistes.

CHAPITRE VII

DES MOUVEMENTS DE DEUX PISTES

Nous avons vu, dans les définitions que donne ci-dessus le *vocabulaire* des expressions hippiques, ce qu'on entend par *marcher de deux pistes*. Nous allons nous occuper de ce travail, dont la préparation consiste dans les demi-tours sur l'avant-main et ensuite sur l'arrière-main, autrement dit : *demi-tours sur les épaules* et *demi-tours sur les hanches*. Lorsque ces demi-tours seront exécutés d'une façon satisfaisante, nous pourrons aborder l'*épaule au mur*, la *pirouette renversée*, l'*épaule en dedans* et la *pirouette ordinaire*.

Demi-tour sur les hanches. — Le demi-tour sur les hanches consiste à faire parcourir aux épaules un demi-cercle autour des hanches servant de pivot. Déjà, en exécutant des demi-voltes de plus en plus serrées, ce mouvement a été préparé.

Le cavalier, marchant sur la piste à main droite, arrête son cheval et exécute le demi-tour de la façon suivante : porter les poignets à droite en tenant les jambes près pour contenir les hanches et éviter l'acculement, mais la jambe gauche est portée plus en arrière pour empêcher les hanches de quitter la piste en se jetant à gauche. Nous remarquons, pendant le demi-tour, que c'est en réalité le membre postérieur droit qui est le pivot autour duquel le membre postérieur gauche et l'avant-main décrivent un arc de cercle. Ce membre postérieur droit doit tourner sur place; en conséquence, le mouvement doit se faire lentement, pas à pas et sans à-coup, les membres antérieurs se croisant du côté du dedans.

Si le cavalier est sur la piste à main gauche, le demi-tour sur les hanches aura lieu sur le membre postérieur gauche servant de pivot, le cavalier portant les poignets à gauche, pour déplacer les épaules dans ce sens, et tenant la jambe gauche près et la jambe droite plus en arrière pour contenir les hanches sur la piste. Il se conformera pour l'exécution du mouvement à ce qui vient d'être dit plus haut en ce qui concerne les précautions à observer.

Demi-tour sur les épaules. — Le demi-tour sur les épaules est l'opposé du demi-tour sur les hanches, et se compose d'un demi-cercle que les hanches décrivent autour des épaules servant de pivot. Lorsque le cavalier sera à main droite, le demi-tour se fera autour du membre antérieur gauche ; il se fera autour du membre antérieur droit si le cavalier est à main gauche.

Le cavalier marchant à main droite arrête son cheval droit sur la piste ; puis, glissant la jambe gauche en arrière des sangles, il poussera les hanches vers la droite, à l'intérieur du manège, en tenant les poignets fixés et élevés, pour maintenir les épaules en place. La jambe droite, tenue près, empêchera le cheval de reculer, ou bien pourra servir à modérer le déplacement des hanches, s'il se faisait trop brusquement. La rêne droite surveillera le mouvement possible des épaules vers la gauche, et l'empêchera le cas échéant.

Le cavalier marchant à main gauche exécutera le demi-tour sur les épaules d'après les mêmes principes, mais en employant les aides inversement.

Comme le demi-tour sur les hanches, le demi-tour sur l'avant-main doit se faire lentement, pas à pas et avec précision : ce sont d'excellents exercices, pour apprendre à l'élève à graduer l'emploi des aides.

Après avoir été exécutés, le cavalier marchant au pas aux deux mains, les demi-tours sont répétés au trot ; à cet effet, le cavalier arrête droit sur la piste, exécute le mouvement et ne reprend le trot que lorsqu'il est complètement terminé.

On exécute ensuite les demi-tours sur la ligne du milieu ou bien sur la diagonale du changement de main. Le cavalier n'ayant plus le mur du manège comme point de repère éprouve plus de difficultés pour l'exécuter avec rectitude ; il doit de plus se baser sur la main qu'il avait avant de quitter la piste.

Ces mouvements sont répétés dans tous les sens au pas et au trot.

Épaule au mur. — Le cavalier vient d'apprendre à déplacer les épaules autour des hanches et les hanches autour des épaules et exécute régulièrement ces exercices : il va s'occuper de déplacer dans un même sens, et simultanément, les épaules et les hanches. Nous commencerons par l'*épaule au mur*.

Dans ce mouvement, le cheval est placé dans une direction oblique par rapport au mur du manège ; il a les membres antérieurs sur la piste et les hanches en dedans du manège, mais son déplacement ne dépasse pas la valeur d'un quart de cercle.

Pour exécuter l'épaule au mur, le cavalier étant à main droite, placer le cheval obliquement à la piste en rangeant les hanches à droite, à l'aide de la jambe gauche, et en ouvrant légèrement la rêne droite. Tenir en même temps la jambe droite près afin que le cheval conserve la direction oblique primitive, et sentir la rêne gauche pour régler le déplacement de la tête et de l'encolure qui ne doivent être que légèrement infléchies à droite.

Le cheval marchant de côté vers la droite doit croiser en avant les membres du bipède latéral droit avec ceux du bipède latéral gauche. Le mouvement des épaules doit toujours précéder celui des hanches.

L'épaule au mur, lorsque le cavalier est à main gauche, s'exécute d'après les mêmes principes, le cavalier rangeant les hanches avec la jambe droite, le cheval ayant la tête placée du côté vers lequel il marche et les membres du bipède latéral droit croisant en avant ceux du bipède latéral gauche.

Pirouette renversée. — La *pirouette renversée* est le complément de cette leçon : elle consiste à faire tourner trois membres autour d'un des membres antérieurs. C'est le membre gauche qui sert de pivot dans la pirouette à droite et le membre droit dans la pirouette à gauche. On se contente dans le principe d'exécuter un pas ou deux au plus ; on augmente peu à peu le nombre des pas jusqu'à ce qu'on soit arrivé à exécuter la pirouette entière. Comme préparation à la pirouette renversée, on fera des voltes de plus en plus rétrécies.

Épaule en dedans. — Pour ce mouvement, le cavalier déplace les épaules vers l'intérieur du manège, d'un quart de cercle environ, les hanches restant sur la piste. Si le cavalier marche à main droite, le déplacement se fait vers la gauche ; c'est le contraire s'il marche à main gauche. Le cavalier, étant sur la piste à main droite, agira ainsi qu'il suit : porter les épaules vers la droite en ouvrant la rêne droite, la rêne gauche appuyée sur l'encolure. Fermer ensuite la jambe droite pour mobiliser les hanches, la jambe gauche près pour empêcher le cheval de reculer ou de précipiter ses pas de ce côté. La tête et l'encolure doivent être légèrement infléchies vers la gauche, et le mouvement des épaules doit précéder celui des hanches. Le cavalier arrête ou redresse son cheval, après quelques pas, à cause de la fatigue que produit ce mouvement, qui finirait par contracter l'encolure et les hanches.

Pour exécuter l'épaule en dedans lorsqu'il marche à main gauche, le cavalier emploie les mêmes principes; le déplacement des épaules a lieu vers la gauche, le degré d'obliquité du cheval restant le même que pour l'épaule en dedans à main droite. Après quelques pas il redresse son cheval ou l'arrête.

Pirouette ordinaire. — Quand l'épaule en dedans sera bien exécutée, on arrivera facilement à obtenir la *pirouette ordinaire*, qui n'est autre chose qu'une volte sur place, dans laquelle on fait tourner les membres antérieurs autour d'un membre postérieur; c'est le membre du côté où les épaules sont déplacées qui sert de pivot, et cela se conçoit aisément, puisque les membres postérieurs ont le cercle le moins grand à parcourir. On se contentera au début d'un pas ou deux, et on augmentera insensiblement le nombre des pas jusqu'à ce que l'on soit parvenu à exécuter la pirouette entière. Les voltes de plus en plus serrées, en tenant les hanches, seront une bonne préparation à la pirouette ordinaire.

Tous les mouvements de deux pistes sont exécutés sur la ligne du milieu, sur la diagonale du changement de main, dans la volte et la demi-volte, au pas d'abord; puis, lorsqu'ils sont devenus familiers à l'élève, il les répète au trot; se trouvant aux prises avec de nouvelles difficultés pour conserver une allure égale, le cavalier y trouve l'occasion de se perfectionner dans l'emploi des aides et d'y acquérir du tact et de la finesse. Quant au cheval, il ne peut qu'y gagner en souplesse et en élégance.

Épaule au mur.

Galop de course.

CHAPITRE VIII

DU GALOP

Le galop est l'allure la plus rapide, mais elle est aussi la plus fatigante, parce qu'elle exige un grand déploiement de force chez le cheval pour être soutenue.

Galop
sur le pied gauche.

Dans cette allure, il y a toujours un bipède latéral en avant de l'autre. Son mécanisme s'opère en trois temps ou foulées; elles sont très facilement perceptibles à l'oreille lorsqu'un cheval galope sur un terrain un peu sonore. Elle se décompose de la manière suivante : la première foulée est marquée par le pied gauche de derrière, qui pose le premier à terre ; la

Première battue. Deuxième battue.

deuxième foulée par le bipède diagonal gauche et la troisième par le pied droit de devant, quand le cheval *galope sur le pied droit* ou *à droite*. Dans ce cas, le bipède latéral droit dépasse le bipède latéral gauche.

Troisième battue. En suspension.

Si, au lieu de procéder ainsi, le bipède latéral gauche dépasse le bipède droit latéral, le cheval *galope sur le pied gauche* ou *à gauche* et alors la première foulée est marquée par le pied droit de derrière qui pose le premier à terre, la deuxième foulée par le bipède diagonal droit et la troisième par le pied gauche de devant.

Galop à faux.

On dit qu'un cheval galope *juste* lorsqu'en tournant à main droite il galope sur le pied droit, et qu'en tournant à main gauche il galope sur le pied gauche. Il galope *faux* lorsqu'il galope à droite en tournant à main gauche, et réciproquement. Il est *désuni* s'il galope à droite des pieds de devant et à gauche des pieds de derrière ou inversement.

Par l'habitude du galop, le cavalier observe qu'il reçoit du cheval une impulsion qui varie suivant le pied sur lequel il galope. Il arrive ainsi à se rendre compte, sans se pencher pour voir les membres du cheval, si c'est à droite ou non qu'il galope. Exemple : dans le galop à droite le côté droit du cavalier est poussé en avant et la fesse gauche éprouve une réaction plus forte que la droite ; le genou droit est moins adhérent à la selle que le gauche. Dans le galop à gauche le cavalier ressent les effets opposés. Il pourra donc, en remarquant ces réactions, savoir sur quel pied le cheval galope.

On distingue plusieurs genres de galop ; il y a d'abord le galop *ordinaire* dont la vitesse varie de 340 mètres à 350 à la minute; puis le galop de *manège* dont la vitesse est beaucoup moindre; le galop *allongé* ou galop *gaillard* qui est de 440 mètres à la minute, et enfin le galop de *course* qui va de 860 à 870 mètres par minute.

Galop de manège.

Étant au pas, partir au galop. — Le cavalier marchant sur la piste à main droite, pour partir au galop, placer le cheval obliquement en rangeant les hanches avec la jambe gauche, porter ensuite les poignets en arrière et à gauche en fermant les jambes et en faisant sentir plus fortement l'action de la jambe gauche. Le cheval s'enlèvera au galop à droite, parce qu'en portant les poignets en arrière et à gauche le cavalier dégage l'épaule droite, qui est en avant à cause de la position oblique du cheval, et le dispose à partir sur le pied droit; en même temps, la hanche gauche se trouvant un peu surchargée, il s'ensuit que la première foulée sera naturellement marquée par le pied gauche de derrière, puis le bipède diagonal gauche suivra, et le pied droit de devant posera le dernier à terre.

Pour obtenir le départ sur le pied gauche, le cavalier agira d'après les mêmes principes. Le cavalier, étant à main gauche, place son cheval obliquement à la piste, en rangeant les hanches avec la jambe droite, ce qui a pour résultat de mettre l'épaule gauche en avant.

Il porte ensuite les poignets en arrière et à droite, les jambes fermées, en faisant prédominer l'action de la jambe droite : le cheval devra s'échapper au galop sur le pied gauche. L'épaule gauche est déchargée et disposée à s'enlever; la hanche droite, éprouvant une surcharge légère, provoque la première foulée par le pied droit de derrière; la seconde foulée est marquée par le bipède diagonal droit et la dernière par le pied gauche antérieur.

Galop ralenti.

Tout cheval bien mis obéira aux moyens que nous venons d'exposer pour le faire partir au galop. Mais un cavalier inexpérimenté peut manquer de précision dans l'emploi des aides et ne pas obtenir au premier abord le départ sur le pied voulu; dans ce cas, il remettra son cheval au pas et recommencera plusieurs fois, s'il le faut, cette leçon.

Dès que le cavalier aura obtenu le départ au galop d'une façon convenable, il fera quelques tours de manège (deux ou trois au plus), à cette allure; il devra alors s'occuper de régler le galop, c'est-à-dire de lui donner le degré de vitesse voulue, celle du *galop de manège*, qui est une allure ralentie, dans laquelle le cheval est bien assis et léger à la main. Pour cela, le cavalier devra conserver les jambes près pour entretenir le cheval dans son galop, avoir la main plus ou moins élevée, suivant qu'il y aura accélération ou ralentissement, et se lier aux mouvements du cheval par la souplesse du rein. Les genoux et les cuisses devront rester constamment fixés à la selle et les jambes tomberont naturellement.

Au bout de quelques leçons il n'est plus nécessaire de traverser le cheval pour obtenir le départ au galop; le cavalier connaît le mécanisme de cette allure, et doit chercher à l'obtenir en partant le cheval droit sur la piste.

Pour cela, le cavalier fera sentir d'abord l'action d'une jambe, comme s'il voulait traverser son cheval et, le sentant disposé au départ, il fera sentir aussitôt l'action simultanée des deux jambes, pour obtenir l'accélération d'allure voulue, en l'appuyant par l'effet des rênes.

Le cheval étant au galop, pour le faire passer au pas, le cavalier devra porter le haut du corps un peu en arrière, en même temps que les poignets, pour augmenter la tension des rênes, mais en faisant sentir un peu plus la rêne du côté où le cheval galope; il continue de tenir les jambes près jusqu'à ce que le pas ait été obtenu.

Étant au trot, partir au galop. — Le cheval étant au trot, pour le faire partir au galop, le cavalier emploie les moyens indiqués pour passer du pas au galop. Mais il faut que d'abord il rompe la symétrie qui caractérise les mouvements du trot, au moyen d'un effet latéral de l'une ou de l'autre rêne, sans quoi il n'arriverait qu'à obtenir un trot plus soutenu et plus allongé.

On peut aussi prendre le galop par allongement progressif du trot.

Étant au galop, passer au trot. — Pour passer du galop au trot, le cavalier emploie les mêmes moyens que pour passer du trot au pas. Si, au lieu de passer au trot, le cheval ralentissait seulement le galop, il faudrait lui faire sentir une traction directe du côté du pied sur lequel il galope. Si ce moyen ne suffisait pas, l'autre rêne viendrait calmer le mouvement de l'épaule qui est le plus en avant, et la jambe pousserait les hanches du côté opposé pour obtenir le mouvement régulier des membres qui caractérise le trot.

Passer du galop à l'arrêt et de l'arrêt au galop. — Pour passer du galop à l'arrêt, le cavalier emploie les moyens indiqués pour passer du galop au trot; il continue à tenir les jambes près, jusqu'à ce que le cheval soit arrêté, afin de l'empêcher de reculer ou de se traverser.

Pour passer de la station au galop, on se conforme à ce qui a été appris pour passer de l'arrêt au pas, et du pas au galop, mais en agissant rapidement dans la succession de ces changements d'allure.

Les mouvements tels que le doubler et la volte sont répétés au galop; on y ajoute la marche circulaire.

En cercle au galop. — La marche en cercle au galop se fait sur une ligne courbe d'un diamètre égal à la largeur du manège, et tangente par conséquent aux deux pistes. C'est en réalité une volte d'un plus grand diamètre que la volte déjà exécutée, mais avec cette différence que le cercle est parcouru plusieurs fois de suite. De même que nous l'avons déjà vu pour la volte, le cheval doit être ployé sur le cercle et satisfaire à la condition que les épaules et les hanches passent par les mêmes points. Pour y arriver, le cavalier contient son cheval avec la rêne du dedans et soutient l'allure avec la jambe du même côté. Les hanches sont maintenues par la jambe du dehors, portée un peu en arrière des sangles. L'action de la rêne du dedans est modifiée, s'il y a lieu, par celle du dehors. Le cavalier conserve toujours la même inclinaison que le cheval et reste parfaitement lié à ses mouvements.

Le cavalier, étant en cercle à main droite au galop, change de cercle, et en décrit un autre à main gauche, en traçant une figure semblable à un *huit;* mais, avant de changer de cercle, il passe au pas, quand il est près d'arriver sur la ligne du milieu. Il reprend le galop lorsqu'il est sur le nouveau cercle.

Le travail en cercle a l'avantage d'assouplir le cheval dans son encolure et dans les hanches, et d'habituer le cavalier à l'allure du galop, en lui facilitant les moyens de contenir sa monture, qui a moins de tendance à gagner à la main, étant ployée sur le cercle.

Il faut éviter de faire des temps de galop trop longs, afin de ne pas causer une trop grande fatigue, qui aurait pour résultat de rebuter le cheval. Les départs au galop se feront aussi sur la ligne du milieu lorsqu'ils auront été bien exécutés aux deux mains.

Changements de pied. — Lorsque le cavalier est arrivé à obtenir facilement les départs au galop et à maintenir son cheval à une allure cadencée et bien égale, il peut aborder les *changements de pied.*

Le changement de pied consiste, le cheval étant sur le pied droit au galop, à le faire passer sur le pied gauche, sans modifier son allure et sans déplacement d'assiette du cavalier, ou réciproquement le faire passer du galop à gauche au galop à droite dans les mêmes conditions.

Cet exercice demande de la souplesse chez le cheval et beaucoup de tact de la part du cavalier. Le moyen le meilleur pour arriver au changement de pied sera de le décomposer de la façon suivante : le cavalier marchant à main droite au galop exécutera un changement de main diagonal; mais, en arrivant à quatre ou cinq pas du coin sur la piste opposée, il prendra le pas pendant une longueur de 2 ou 3 mètres et repartira au galop à gauche; il répétera plusieurs fois cet exercice en diminuant peu à peu l'espace parcouru au pas, et arrivera à le faire disparaître, c'est-à-dire à changer de pied sans interrompre le galop. On se bornera d'abord à deux ou trois changements de pied, pour ne pas rebuter le cheval. Plus tard, lorsque le cheval et le cavalier seront bien familiarisés avec cet exercice, on pourra l'exécuter plus souvent dans le cours de la leçon; on y ajoutera alors les changements de pied sur la ligne du milieu. Enfin le cavalier pourra arriver à obtenir, au galop ralenti, des changements de pied tous les quatre ou trois pas et même tous les deux pas. Le changement de pied *au temps*, qui se compose d'un pas à droite au galop, suivi d'un pas à gauche, et ainsi de suite, est une difficulté équestre qui n'est pas à la portée de tout le monde, et qui exige un cheval parfaitement souple.

Examinons par quels moyens le cavalier arrivera au changement de pied ordinaire : sa première préoccupation sera de reconnaître le moment favorable où l'emploi des aides qui doivent déterminer le galop à droite, par exemple, devra succéder à celui qui a provoqué le galop à gauche. Ce moment sera marqué par la deuxième foulée, et, dans le cas qui nous occupe, ce sera l'instant précis où le pied *antérieur gauche* marquera la deuxième foulée; le cavalier devra s'efforcer de saisir cet espace de temps très court, pour employer les moyens propres à faire obtenir le départ au galop à droite. La jambe contribue surtout à déterminer le changement de pied; le corps n'a qu'un mouvement imperceptible, faisant peser l'assiette du côté gauche.

Le cavalier devra donc s'efforcer d'obtenir ces mouvements par des indications aussi légères que possible, et il devra paraître pour ainsi dire immobile.

Contre-changements de main. — Le contre-changement de main, qui s'exécute le cheval étant au galop, consiste à le diriger vers la ligne du milieu par une diagonale partant de la piste, en rangeant les hanches, et arrivé en cet endroit, à lui faire exécuter un changement de pied, pour le ramener sur la même piste par une nouvelle diagonale et des pas de côté.

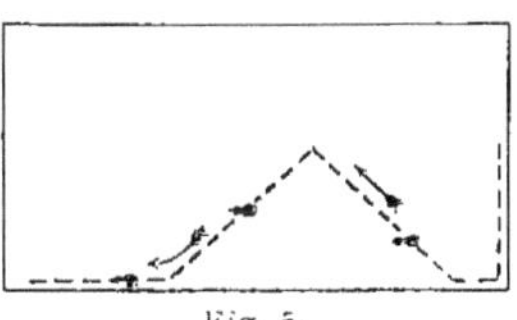

Fig. 5.

Supposons que le cavalier soit au galop à main droite sur la piste (fig. 5). Pour contre-changer de main il portera les poignets à droite de façon à attirer légèrement la tête et l'encolure dans cette direction, en faisant sentir la pression de la jambe gauche.

Le cheval se portera alors de côté vers l'intérieur du manège. Lorsque le cavalier arrivera à la ligne du milieu, il devra changer de direction, pour se diriger par une nouvelle diagonale sur la piste, et il obtiendra le départ sur le pied gauche, en élevant un peu les poignets pour ralentir le mouvement en avant, et simultanément il portera le corps un peu en arrière et à droite, pour dégager l'épaule gauche. A partir de ce moment, la jambe droite viendra provoquer les pas de côté vers la gauche.

Le contre-changement de main, pour être bien exécuté, doit se faire lentement et pas à pas, afin que le cheval ne soit pas surpris par la modification complète qui s'opère dans l'action des aides, au moment où, galopant de côté à droite, il passe immédiatement au galop de côté à gauche.

Changement de pied au temps.

Tous les mouvements exécutés jusqu'à présent, doubler, volte, demi-volte, changements de main, sont répétés au galop, en appuyant, l'épaule en dedans ou l'épaule au mur.

Leçon du montoir.

CHAPITRE IX

DE L'ÉTRIER. — LEÇON DU MONTOIR

Jusqu'à présent le jeune cavalier est monté à cheval sans étriers, et il en est résulté qu'il a acquis de l'assiette, de la confiance et de l'agilité. Ces qualités indispensables vont lui permettre d'arriver à se servir très facilement de l'étrier, dont nous allons montrer l'usage.

Il faut d'abord apprendre à adapter les étriers à la taille du cavalier : le moyen le plus simple est de comparer la longueur des étrivières à celle du bras, avant de monter à cheval. Un autre moyen consiste à s'assurer, lorsque le cavalier est en selle, les jambes convenablement placées, si la semelle de l'étrier arrive à hauteur de la partie supérieure du talon de la chaussure.

Les étriers une fois ajustés, le cavalier les chausse jusqu'au tiers du pied, et maintient le talon un peu plus bas que la pointe, afin que le jeu de l'articulation soit libre; de cette façon, il conserve l'étrier sans effort. L'étrier ne doit servir, habituellement, qu'à supporter le poids de la jambe. Si le cavalier prenait un trop grand appui, les jambes ne seraient plus libres, et il en résulterait des déplacements d'assiette. Il faut aussi que l'étrier soit chaussé jusqu'au tiers parce que, si le cavalier n'engageait que le bout du pied, il éprouverait des difficultés à le conserver; d'un autre côté, s'il chaussait trop les étriers, la jambe contracterait de la raideur. Exceptionnellement, dans les sauts ou passages d'obstacles, le cavalier engage complètement le pied dans l'étrier, et il prend l'appui dans le trot à l'anglaise. Les jambes ne doivent pas être portées en avant; elles seront légèrement infléchies en arrière, tout en étant placées naturellement; il faut qu'en abaissant, par la pensée, une perpendiculaire de la face antérieure de la rotule, elle vienne tomber sur la pointe du pied, pour que le placement des jambes soit régulier.

Une fois en selle, le cavalier ne se sert jamais des mains pour chausser les étriers; il les abandonne et les reprend fréquemment, de cette manière, à toutes les allures. Les étrivières doivent toujours être sur leur plat.

Tous les exercices exécutés jusqu'à ce jour sont repris, le cavalier se servant des étriers; néanmoins, il les relève sur l'encolure, de temps à autre, pendant le cours du travail, pour entretenir les bonnes habitudes prises.

Leçon de montoir. — Pour cette leçon, un bridon muni d'une double paire de rênes, assez longues, sera nécessaire. Il sera utile, aussi, d'avoir un aide pour maintenir le cheval pendant que l'élève s'exercera à monter à cheval ou *au montoir*, et au moment où il met pied à terre.

Le cavalier, abordant le cheval par la tête, le caressera sur la tête et sur l'encolure, et ensuite sur la croupe, pour le mettre en confiance. Il s'assurera que les étriers sont convenablement ajustés, que la selle est bien placée sur le dos du cheval, la sangle suffisamment serrée, enfin que les rênes du bridon sont passées par-dessus l'encolure et sur leur plat. L'aide, se plaçant du côté droit du cheval, tient les rênes supérieures dans la main droite, à quelques centimètres de la bouche, pour l'empêcher de marcher, et tient l'étrivière au-dessus de l'étrier avec la main gauche, pour éviter que la selle ne tourne.

Le cavalier se place à la hauteur, en face, de l'épaule gauche du cheval et saisit une poignée de crins avec la main gauche. Il place ensuite le pied gauche dans l'étrier, en se servant au besoin de la main droite, et place la même main, qui tient les rênes inférieures, sur le troussequin en sentant l'appui du mors. Il s'enlève alors sur l'étrier gauche, en tirant fortement les crins à lui, le genou fixé contre la selle, la pointe du pied basse, pour ne pas toucher le cheval, et la jambe droite à côté de la gauche. Portant la main droite, qui tient les rênes, sur le pommeau, le cavalier passe ensuite la jambe droite légèrement fléchie par-dessus la croupe, en évitant de la toucher, et se met en selle moelleusement. Aussitôt à cheval, il chausse l'étrier droit, tendu par l'aide, et prend une rêne dans chaque main, comme il a été dit précédemment.

Première manière de monter à cheval.

Il y a une autre manière de monter à cheval, qui diffère de la première en ce que le cavalier se place à hauteur de l'épaule du cheval, son flanc gauche lui faisant face, les rênes du bridon ajustées dans la main gauche qui tient en même temps une poignée de crins sur l'encolure. Le pied gauche étant engagé dans l'étrier, le cavalier s'enlève en tournant du côté du cheval et plaçant la main droite sur le troussequin; le reste du mouvement s'exécute comme nous l'avons vu en premier lieu.

On peut aussi monter à cheval en plaçant sur le pommeau la main droite, qui tient les rênes bien ajustées, et en appuyant le pied gauche, engagé dans l'étrier, contre l'avant-bras du cheval. Mais nous estimons que cette manière n'est pas aussi pratique que les précédentes, parce qu'on ne peut pas l'employer avec tous les chevaux.

Le cavalier s'exerce ensuite à descendre de cheval ou à mettre pied à terre : pour cela, il croise les rênes dans la main droite, place cette main sur le côté droit du pommeau, en conservant l'appui du mors, et déchausse l'étrier droit. Saisissant ensuite une poignée de crins sur l'encolure avec la main gauche, il s'enlève sur l'étrier gauche et passe la jambe droite légèrement pliée par-dessus la croupe, sans la toucher, en rapportant la jambe droite près de la gauche. Après un léger temps d'arrêt, le genou gauche appuyé à la selle, et le haut du corps un peu penché en avant, le cavalier pose le pied droit à terre et dégage le pied gauche de l'étrier. Il faut avoir soin d'arriver légèrement à terre.

Lorsque l'élève sera suffisamment exercé au montoir et à la façon de mettre pied à terre, le secours de l'auxiliaire, devenant superflu, sera supprimé.

Deuxième manière de monter à cheval.

De la bride et du filet.

CHAPITRE X

DE LA BRIDE ET DU FILET

Le cavalier est initié maintenant à l'usage des aides, et on peut lui apprendre à conduire son cheval avec la *bride*, instrument de conduite dont les effets sont beaucoup plus sévères, et qui demande une légèreté de main d'autant plus grande.

Avant de commencer cette étude, occupons-nous de connaître de quoi se compose une bride, comment elle sera placée convenablement sur la tête du cheval, enfin la manière de *brider* et de *débrider*.

Description de la bride. — La bride qui est aujourd'hui d'un usage général est la *bride anglaise*. Elle se compose de la bride proprement dite et d'un *filet*. La bride est en cuir fauve et comprend une *têtière*, deux *montants*, un *frontal*, une *sous-gorge*, un *mors* et des *rênes*.

La *têtière* sert à supporter les montants ; les montants servent à supporter le mors de bride ; le frontal a pour but d'empêcher la têtière de glisser en arrière ; la sous-gorge sert à maintenir ces pièces sur la tête du cheval.

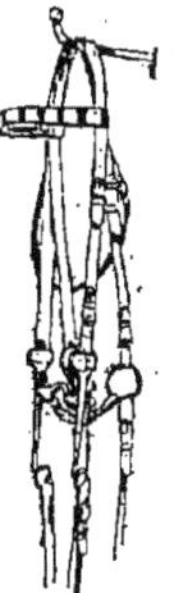

Bride anglaise.

Le *mors* est en acier poli et se divise en *embouchure*, *branches* et *gourmette*.

L'*embouchure*, placée dans la bouche au-dessus de la langue, est composée de la liberté de langue et des canons.

Les *branches* sont réunies aux canons par des rivures, et ont à leur extrémité supérieure deux ouvertures destinées à suspendre le mors aux montants. Deux anneaux porte-rênes se trouvent à l'extrémité inférieure. Les branches, qui ne sont autre chose que des bras de levier destinés à agir sur les canons, sont d'autant plus puissantes qu'elles sont plus longues.

La *gourmette*, composée de mailles en acier, est fixée aux branches par deux crochets et sert à comprimer la barre.

Les rênes de bride sont faites du même cuir que la monture et portent une boucle à chaque extrémité.

Le *filet* se compose des *montants*, du *mors de filet* et des *rênes de filet*.

Les *montants* du filet sont engagés au-dessous de la têtière dans les œillets du frontal, et servent à supporter le mors de filet.

Le *mors de filet* se compose de deux canons articulés à brisure, terminés par deux anneaux, servant à le suspendre et à fixer les rênes.

Les *rênes de filet,* un peu plus épaisses que les rênes de bride, sont réunies à leur partie médiane par une boucle, qui permet de les séparer au besoin, pour attacher momentanément le cheval.

Pour être à leur place, il faut que les différentes pièces qui composent la bride soient disposées ainsi qu'il suit : le frontal ne doit pas permettre à la têtière de glisser en arrière, mais il ne faut pas qu'il comprime les oreilles; les montants doivent avoir une longueur telle que le mors de bride soit bien placé; le mors de bride remplira ces conditions si les canons portant sur les barres se trouvent à un travers de doigt des coins, et si l'embouchure n'est ni trop large, ni trop étroite.

La gourmette doit être mise sur son plat et permettre de passer un doigt entre elle et la barbe; trop serrée, elle blesserait le cheval.

La sous-gorge ne doit pas être trop serrée, pour ne pas gêner la respiration.

Le mors de filet, d'une grosseur moyenne, agit sur la commissure des lèvres qu'il ne doit pas blesser, ce qui arriverait s'il était trop mince ; il est placé au-dessus de l'embouchure pour ne pas gêner les effets du mors de bride.

Nous avons vu qu'on entendait par *emboucher un cheval*, lui placer dans la bouche un mors en rapport avec sa conformation, convenant à ses qualités ou à ses défauts. De là, différentes dimensions données soit aux canons, soit aux branches, soit à l'ouverture du mors de bride. Ainsi un cheval qui a les lèvres épaisses et les barres arrondies ne sera bien embouché qu'au moyen d'un mors à canons petits et à grande liberté de langue; au contraire, à un cheval possédant des barres tranchantes et des lèvres minces, un mors à gros canons avec liberté de langue peu sensible, ou même sans liberté de langue, conviendra mieux. Il faudra aussi que les branches du mors soient courtes en raison de la sensibilité de la bouche. L'ouverture du mors dépend naturellement de la largeur de la bouche.

Manière de brider. — Pour brider un cheval, le cavalier s'approche par le côté gauche et, tenant la bride avec la main du même côté, passe les rênes de bride et de filet par-dessus l'encolure avec la main droite. Il prend ensuite la têtière avec la main droite et l'élève à hauteur et en avant de la tête du cheval. Le mors de filet, préalablement placé par-dessus le mors de bride et tenu dans la main gauche, est engagé dans la bouche du cheval; les oreilles sont passées entre le frontal et la têtière. Le cavalier boucle ensuite la sous-gorge, accroche la gourmette et fixe la fausse gourmette, si la bride en est pourvue.

Pour débrider, le cavalier décroche d'abord la gourmette et déboucle la sous-gorge. Ensuite, ramenant les rênes de bride et de filet au-dessus de la têtière, il enlève la bride de la tête du cheval, en dégageant l'oreille droite d'abord.

Tenue des rênes. — Avant d'apprendre la position de la main de bride, qui est la main gauche, et la façon de tenir les rênes de bride et de filet, le cavalier tiendra pendant quelques leçons les rênes séparées de la manière suivante : la rêne gauche de bride sous le petit doigt de la main gauche et la rêne gauche de filet sous le médius de la même main, l'extrémité supérieure des rênes entre le pouce et le premier doigt, la rêne droite de bride ainsi que la rêne droite de filet tenues de même dans la main droite. Le cavalier peut ainsi conduire le cheval sur les quatre rênes à la fois, ou bien alternativement sur les rênes de bride et sur celles de filet. Exemple : s'il veut faire prédominer l'effet des rênes de bride, il entr'ouvre le médius et les rênes de filet s'allongent ; au contraire, s'il désire faire sentir davantage l'action du filet, il entr'ouvre le petit doigt et les rênes de filet se relâchent.

Le cavalier, au bout de quelques leçons, s'est rendu compte de la puissance des effets du mors de bride et de l'avantage de les combiner avec ceux du filet, puis en les faisant sentir séparément; il peut prendre alors la position normale des rênes et des mains qui est la suivante :

Les rênes de bride dans la main gauche, le petit doigt les séparant; les rênes de filet au-dessus des rênes de bride, le médius entre les deux rênes; l'extrémité des quatre rênes sortant entre l'index et le pouce bien fermé pour empêcher les rênes de glisser; le poignet un peu incliné vers le corps, les doigts lui faisant face, et tenu le plus bas possible, c'est-à-dire rapproché du pommeau de la selle. La main droite est libre. Mais le cavalier peut aussi tenir la rêne droite de filet à pleine main dans la main droite, ou sous le médius de cette main qui est placée alors à hauteur de la main gauche. C'est la manière la plus usitée et la plus commode, parce qu'elle permet d'agir avec la main droite par effets directs sur la tête du cheval. Elle a aussi pour effet d'obliger le cavalier à se maintenir carrément, c'est-à-dire d'empêcher que l'une ou l'autre épaule ne soit en avant.

Tenue des rênes.

Il y a d'autres manières de tenir les rênes; nous nous bornerons à en indiquer une deuxième, employée par nombre de cavaliers :

Les rênes de bride dans la main gauche, le doigt *annulaire* entre les deux rênes, l'extrémité supérieure des rênes sortant entre le pouce et l'index, qui les empêchent de glisser; les rênes de filet par-dessus les rênes de bride, la rêne gauche à pleine main dans la main gauche et la rêne droite de même dans la main droite. Si le cavalier veut se servir de la main de bride seule pour conduire son cheval, il croise la rêne de filet dans la main gauche, ainsi que cela a été vu pour le bridon.

Lorsque le cavalier veut ajuster les rênes, il saisit les rênes de bride et de filet entre le pouce et l'index de la main droite, qu'il élève en entr'ouvrant les doigts de la main gauche et en sentant l'appui des mors de bride et de filet. Il tient en même temps les jambes près pour empêcher le cheval de reculer, et ferme les doigts de la main gauche; après quoi il lâche les rênes de la main droite.

Si le cavalier veut raccourcir l'une ou l'autre rêne, il agit de même. Il faut éviter de trop déplacer les mains, dans le maniement des rênes, et ne les changer de place que le moins possible. On ne saurait trop insister sur le maniement des rênes qui est une des bases de l'équitation.

Des effets de la bride et du filet. — La main de bride en se portant en avant, en arrière, à droite et à gauche, produit quatre résultats principaux qui en sont la conséquence. Si le cavalier porte la main en avant, les rênes se détendent, et le cheval, ne se sentant plus tenu, allonge l'encolure et continue à marcher, rien ne s'opposant à son mouvement en avant. Si, au contraire, le cavalier porte la main en arrière, l'action produite est négative : les rênes se tendent, en même temps une pression sur les barres a lieu, et comme résultat il y a mouvement rétrograde, si le cheval est arrêté, et ralentissement d'allure, s'il est en marche. En portant la main à droite, la rêne droite se relâche, mais la rêne gauche se tend et la tête est attirée vers la gauche, mais l'appui de cette dernière rêne sur l'encolure détermine le cheval à tourner à droite. Cependant, si la traction opérée sur la rêne gauche était trop forte et que son effet dépassât la pression imprimée à l'encolure, le cheval serait obligé de ranger les hanches à droite et ferait face à gauche. Enfin, si le cavalier porte la main à gauche, les effets inverses seront obtenus, pour des raisons analogues, et le cheval tournera à gauche. Nous concluons de ce qui précède que les effets des rênes de bride agissant isolément sont non seulement imparfaits, mais souvent opposés à ceux qu'on désire. Il importe donc de trouver le moyen de remédier à cet inconvénient, et d'obtenir du cheval des mouvements précis; on y arrivera avec le filet, soit que le cavalier tienne les quatre rênes dans une main, soit qu'il conduise son cheval à deux mains. Ce dernier mode de conduite est celui qui convient le mieux pour obtenir des effets justes. La combinaison de la bride et du filet a de plus l'avantage de faciliter au cavalier le moyen de faire prévaloir, à volonté, l'action de l'un ou de l'autre des deux mors, suivant la position qu'il donne à la main, ou par le relâchement plus ou moins grand du petit doigt; en faisant sentir alternativement l'un et l'autre, le cavalier rafraîchit la bouche du cheval par la raison qu'il agit tantôt sur les barres, tantôt sur la commissure des lèvres.

Travail avec la bride. — Tous les exercices faits jusqu'à ce jour sont repris en se servant de la bride. Le cavalier s'est déjà rendu compte des effets de la bride, beaucoup plus sévères que ceux du bridon; mais il s'apercevra, au cours du travail avec la bride, à quelle justesse il pourra arriver avec un moyen aussi puissant et une main adroite et légère.

Dans les changements de direction, dans les *voltes*, dans la *marche circulaire*, le filet servira très efficacement à attirer la tête du cheval dans la direction à suivre, alors que la bride n'agira que très légèrement pour ne causer ni ralentissement dans l'allure, ni effet de recul.

Dans l'*épaule au mur* ou *épaule en dedans*, l'usage du filet, en même temps que l'action de la bride se produit, permet de placer la tête du cheval où le mouvement est dirigé.

Les départs au galop en partant du pas, du trot ou de l'arrêt, s'exécutent d'après les mêmes règles qui ont été données aux leçons en bridon.

De même, du galop on passera au trot, au pas et à l'arrêt d'après les principes déjà donnés. Mais l'usage du filet, s'associant à celui de la bride, permettra d'obtenir des départs au galop beaucoup plus faciles et plus précis, en donnant le moyen de placer la tête du côté où le cheval galope. Ainsi, dans le départ au galop sur le pied droit, le cheval étant sur la piste, la main de bride se portera en arrière et à gauche, en même temps que la rêne de filet attirera légèrement la tête à droite, mais sans déplacer l'encolure. L'action des jambes sera simultanée en faisant sentir davantage celle de la jambe gauche et provoquera le galop à droite.

Descentes de main. — Pour favoriser la locomotion du cheval, surtout aux allures vives, il faut habituer la tête à être légère sur l'encolure; pour obtenir des mouvements cadencés et raccourcis, pour les changements et les ralentissements d'allure et les arrêts, l'encolure doit être habituée à revenir facilement sur elle-même en se rouant à sa partie supérieure. On pourra arriver à ces résultats par les assouplissements de la tête, les descentes de main et les relèvements d'encolure dans le plan vertical passant par l'axe du cheval ou dans un plan latéral.

Le cavalier commencera par les flexions de la tête à droite et à gauche. Pour fléchir la tête à droite, il tirera moelleusement sur la rêne droite dans la direction de l'épaule droite à la hanche gauche; la rêne régularisant et limitant le déplacement de la tête, le cavalier tient les deux mains fixées jusqu'à ce que la mâchoire se mobilise. Le déplacement de la tête doit être limité à la hauteur de la pointe de l'épaule, tout en conservant la tête haute et verticale. Le résultat obtenu, le cavalier caresse sa monture et fait exécuter la flexion de la tête à gauche, d'après les mêmes moyens. Ce travail se fait aux deux mains, le cheval au pas ou au trot. Il ne faut pas insister outre mesure sur chaque mouvement, mais y revenir fréquemment.

On passe ensuite aux *descentes de main* et *redressements de l'encolure* sur le plan médian, qui ont pour but de favoriser beaucoup les augmentations, ralentissements ou changements d'allure, les arrêts et le reculer, en répartissant le poids alternativement sur l'avant-main et sur l'arrière-main. On les demande, en général, pendant le mouvement, et l'action des jambes les accompagne toujours, pour entretenir le cheval dans son allure et surtout empêcher le recul qui pourrait en être la conséquence.

Cette descente de main s'obtiendra ainsi : tenir les rênes de filet tendues, avec la main droite, les ongles en dessous et élever cette main verticalement au-dessus de l'encolure pour agir sur les rênes. Lorsque la tête s'est suffisamment élevée, baisser lentement la main droite et porter la main de bride d'avant en arrière horizontalement. Lorsque l'encolure se détendra pour s'abaisser, suivre, avec les rênes légèrement tendues, son mouvement. Agir ensuite lentement et de bas en haut, en se servant alternativement de l'une et de l'autre main pour redresser la tête et relever l'encolure.

Les *descentes de main latérales* et les *relèvements d'encolure dans les mêmes plans* sont destinés à habituer l'encolure à se détendre dans le sens des bipèdes diagonaux, afin de rendre aisé le galop sur tel ou tel pied.

La descente de main latérale à droite, par exemple, s'obtiendra en tenant les rênes, comme on l'a vu dans le cas où le doigt annulaire est placé entre les rênes de bride, et en plaçant la tête du cheval à droite.

Descente de main latérale à gauche.

La mâchoire sera mobilisée par la division des appuis sur l'embouchure et, l'encolure se détendant, le cavalier accompagnera le mouvement de la tête en maintenant la rêne droite tendue. Le mouvement doit se faire dans la direction du plan diagonal qui passerait par la hanche gauche et l'épaule droite. La descente de main doit, pour être bien obtenue, faire arriver le bout du nez à hauteur des genoux et en avant.

La descente de main latérale à gauche sera faite d'après les mêmes principes.

Les descentes de main s'exécuteront aux deux mains,

au pas, au trot et enfin au galop sur des lignes droites, courbes, ou de deux pistes. On ne les demandera de pied ferme qu'exceptionnellement.

Le redressement de la tête en arrière et à gauche, après la descente de main latérale à droite, a pour résultat de faciliter le lever et l'extension des membres droits, qui seront les premiers engagés dans cette direction, dans le travail à main droite. Pour favoriser le lever et l'extension des membres gauches, on charge le bipède latéral droit par le redressement de la tête à gauche et en arrière à droite. On trouvera un utile emploi de cette leçon dans les mouvements de deux pistes, les départs au galop et les changements de pied.

Descente de main.

Saut à la longe.

CHAPITRE XI

DE L'ÉPERON. — USAGE DE LA CRAVACHE ET DE LA CHAMBRIÈRE

De l'éperon. — Le cheval n'obéit pas toujours aux jambes, soit qu'il ait un naturel froid, soit que son dressage ait été défectueux. Dans ce cas, la pression des jambes étant insuffisante, le cavalier se sert de l'éperon comme *aide,* pour décider le cheval à céder, et il appuie en arrière des sangles, mais seulement jusqu'au poil, ce qui s'appelle *pincer de l'éperon.* Employé avec calme et modération, l'éperon fera généralement obéir le cheval; néanmoins il arrive qu'il résiste et que, ne voulant pas se livrer, il oppose ses défenses telles que le cabrer ou la ruade : il ne faudra pas hésiter alors à employer l'éperon comme *châtiment.* Dans ce but, le cavalier assurera bien son assiette, en enveloppant le cheval dans les cuisses, puis rendant un peu la main, il appliquera les éperons franchement en arrière des sangles, en tournant la pointe des pieds un peu en dehors. Il recommencera à plusieurs reprises la correction, et jusqu'à ce que le cheval se soit soumis, en restant constamment lié à ses mouvements. Les jambes ne seront replacées qu'après l'obéissance complète.

Il importe beaucoup que le châtiment infligé au cheval suive de près la faute commise, afin que l'animal sache bien que ses défenses seront punies aussitôt. Si le cheval était châtié quelques instants après, non seulement ce serait inutile, mais les conséquences seraient probablement des plus fâcheuses : se croyant frappé sans raison, il deviendrait au moins rétif, et peut-être féroce et dangereux. L'éperon doit donc être employé à propos et suivant le caractère ou le tempérament de chaque sujet. Avec un cheval de sang et d'un naturel nerveux, il faudra être plus sobre d'éperon, alors que le cheval mou, lymphatique, aura besoin d'être fréquemment surexcité par ce moyen.

Usage de la cravache. — La cravache n'est pas absolument indispensable au cavalier, qui n'a pas à s'en servir le plus souvent ; cependant elle peut servir à la fois d'aide et de moyen de châtiment. Dans ce dernier cas, elle ne doit servir que très rarement, et lorsque les défenses du cheval persistent malgré la correction de l'éperon. Comme aide, elle sert à accélérer l'allure en chassant en avant l'arrière-main, ou à pousser les épaules si le cheval est de pied ferme; dans les airs de manège, le travail entre les piliers, elle devient indispensable.

Dans l'équitation des dames la cravache est un auxiliaire dont on ne pourrait se passer pour mettre les chevaux au galop et ranger les hanches, car elle remplace la jambe droite placée sur la fourche.

Dans les défenses, telles que la ruade, le cabrer ou le refus d'avancer, la cravache vigoureusement appliquée sur la croupe déterminera le cheval à se porter en avant, et par conséquent à cesser sa résistance dans la plupart des cas. Il faut éviter de se servir de la cravache sur l'encolure, comme châtiment, à cause du danger qui pourrait en résulter pour les yeux.

La cravache se tient, à cheval, dans la main droite, à hauteur du tiers supérieur, la mèche en bas; on peut aussi la mettre sous le bras droit, la mèche en arrière, en la tenant horizontale.

De la chambrière.

Usage de la chambrière. — La *chambrière*, dont nous avons vu la définition au vocabulaire d'équitation, sert dans le dressage des jeunes chevaux comme aide pour les amener à exécuter certains mouvements. Le jeune cheval étant maintenu par un caveçon au bout d'une longe de quatre à cinq mètres de long est habitué à obéir aux indications de la chambrière, qui est ordinairement tenue la lanière traînant à terre et que l'on n'élève horizontalement que pour la montrer au cheval, sans le toucher, dans le but de changer ou d'accélérer son allure.

Comme châtiment, la chambrière ne sert que si le cheval résiste à ses indications jointes à celles de la voix et du caveçon, et se rapproche du centre du cercle en refusant d'avancer; dans ce cas des coups vigoureux seront appliqués sur la croupe; on emploie encore la chambrière lorsqu'un cheval refuse de passer ou de sauter un obstacle et s'arrête court devant lui.

Dans le travail entre les piliers, la chambrière sert toujours pour stimuler les *sauteurs* ou bien dans certains airs de manège tels que le *piaffer*. Chaque fois qu'on se servira de la chambrière, le cheval étant monté, un aide sera nécessaire pour tenir la longe du caveçon.

En somme, l'emploi de la chambrière est assez limité et se borne aux cas que nous venons de signaler, mais elle doit être toujours employée avec beaucoup de modération et de tact.

L'éperon comme châtiment.

Trot assis
ou à la française.

CHAPITRE XII

DU TROT A L'ANGLAISE OU TROT ENLEVÉ. — PASSAGES ET SAUTS D'OBSTACLES

Le trot à l'*anglaise*, appelé aussi trot *enlevé*, s'emploie au manège lorsque le cavalier a été suffisamment exercé d'abord au trot sans étriers, puis au trot *assis* avec étriers. Cette manière de trotter a l'avantage de soulager en même temps le cheval et le cavalier, ce qui permet de la soutenir plus longtemps.

Pour trotter convenablement de cette manière, le cavalier se conformera aux principes suivants : le cheval étant au trot, le cavalier prend un certain appui sur les étriers, en conservant les genoux fixés à la selle et le corps un peu porté en avant, de façon à céder facilement à la réaction en enlevant son assiette. Il laisse ainsi son assiette séparée de la selle, pendant que la réaction suivante se produit, et ne reprend le fond de la selle que pour être de nouveau projeté en avant. Il continue à trotter en évitant une réaction sur deux.

Trot à l'anglaise.

Il est important que le cavalier s'enlève le moins possible, pour que le trot à l'anglaise soit bien exécuté; si le cavalier s'enlevait trop, le mouvement serait disgracieux. Il faut aussi que le contact de la selle soit repris avec moelleux, sans choc, que les jambes soient légèrement portées en arrière, et que le talon soit plus bas que la pointe du pied.

La main doit être fixe, de façon que le cheval embrasse le terrain avec confiance alors qu'il est sollicité à allonger l'allure par le déplacement du corps en avant et la position du cavalier.

Les mouvements d'élévation et d'abaissement du cavalier doivent s'exécuter en cadence et être, de plus, en harmonie avec ceux du cheval, sans quoi il y aurait fatigue inutile.

Suivant la façon dont trotte chaque cheval, le cavalier s'enlèvera plus ou moins. Si le trot est lent et *doux*, c'est-à-dire si les réactions sont peu sensibles, le cavalier aura moins de facilité pour suivre l'allure et devra s'enlever très peu. Si, au contraire, le trot est rapide et *sec*, c'est-à-dire avec des réactions dures et bien accentuées, il faudra que le cavalier s'enlève beaucoup plus sur les étriers, que l'assiette, par conséquent, s'éloigne davantage, mais la cadence de l'allure sera suivie avec bien plus de facilité.

Avec certains chevaux, qui ont contracté l'allure vicieuse appelée *traquenard*, et dont les réactions sont faibles et manquent de cadence, on ne peut pas trotter à l'anglaise.

Passages et sauts d'obstacles. — Les passages et sauts d'obstacles ont pour but de compléter l'instruction du cavalier et de donner la mesure de sa hardiesse et de sa solidité.

Pour obtenir de bons résultats il importe d'agir graduellement, pour ne pas diminuer la confiance du cavalier et ne pas rebuter le cheval en contrariant sa franchise par un emploi maladroit des aides. Nous faisons allusion aux effets, souvent trop durs, de la main du cavalier inexpérimenté, qui provoquent des à-coups douloureux sur la bouche du cheval, au moment du saut. Le résultat habituel des sensations douloureuses chez le cheval est la rétivité à l'obstacle. Nous ne saurions trop recommander la légèreté de la main.

On distingue deux genres d'obstacles : les obstacles *en hauteur*, et les obstacles *en largeur*.

Les obstacles en hauteur comprennent les haies, les

murs en pierre ou en terre, les barrières, les banquettes irlandaises, etc.

Les obstacles en largeur se composent de fossés, rivières, douves, etc.

On commence par exercer le cavalier à franchir des obstacles de hauteur et de largeur inférieures; peu à peu on augmente leurs dimensions pour arriver en hauteur entre 0m,60 et 1m,20 et en largeur entre 1m,50 et 5 mètres.

Obstacle en largeur.

Le cavalier, pour s'exercer au saut des obstacles, commencera à les faire voir de près à son cheval pour qu'il se rende bien compte de leur nature, hauteur ou largeur. Il acheminera ensuite le cheval en le dirigeant au pas d'abord, et bien droit, sur le milieu de l'obstacle. La tête est maintenue dans la direction suivie et un point d'appui suffisant est donné, tout en tenant les jambes près pour pousser le cheval au moment du saut. Il sera préférable, surtout dans les premiers temps, de conduire le cheval sur le filet, en faisant dominer son action et en relâchant un peu les rênes de bride. Le cheval, ainsi conduit sur l'obstacle, est comme *encadré* entre les mains et les jambes du cavalier. En arrivant à dix mètres environ de l'obstacle le cavalier prend le trot, enveloppe le cheval dans les cuisses et les jambes, chausse les étriers et s'assoit en portant le corps un peu en arrière. Au moment où le cheval s'enlève, il baisse les poignets pour ne pas le gêner dans son élan et les maintient ainsi, en conservant le corps penché en arrière, jusqu'au moment où le cheval arrive à terre; alors il le reprend en main peu à peu, en évitant les à-coups sur la bouche, et passe au pas, en le caressant.

Cheval abordant l'obstacle.

Lorsque le cavalier aura répété ces exercices plusieurs fois et pris l'habitude de rendre la main pendant le saut, sans ressentir de déplacements d'assiette, c'est-à-dire de suivre le mouvement du cheval par la souplesse du rein, il pourra commencer à aborder les obstacles au galop.

Pour sauter, le cheval étant au galop, le cavalier se conformera aux règles que nous venons de donner, se dirigeant toujours sur le milieu de l'obstacle. Si c'est un mur, une haie, une banquette, en un mot un obstacle en hauteur, il conviendra de l'aborder à un train modéré, le cheval ayant beaucoup plus de facilité pour s'enlever en hauteur, de cette manière, que lorsque le galop est allongé. Mais si ce sont des obstacles en largeur, tels que des fossés ou des rivières, il vaudra mieux les franchir à une allure plus vive, le cheval pouvant, dans une battue de galop, s'allonger facilement, sans s'enlever pour cela, en restant dans son train.

Autant que possible, il est bon de faire passer le cheval au pas à quelques mètres de l'obstacle, après le saut, et il est préférable de ne le faire sauter que peu de temps avant la rentrée à l'écurie, ce qui deviendra comme une récompense de sa docilité, par la perspective du repos qui la suivra.

Il peut arriver que le cheval hésite en arrivant sur l'obstacle; le cavalier le stimulera vigoureusement dans les jambes, en maintenant la tête dans la direction voulue pour paralyser ses résistances et même pour les prévenir.

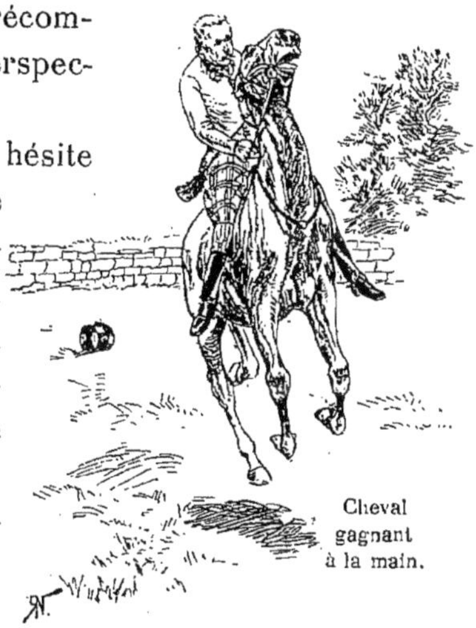

Cheval gagnant à la main.

Le cheval peut aussi chercher à gagner à la main en se dirigeant obliquement sur l'obstacle; il faudra alors mettre le cheval au pas et le conduire ainsi jusque sur l'obstacle; en y arrivant on le décidera à sauter en le stimulant énergiquement avec les jambes.

Le cheval se dérobe parfois en faisant brusquement un demi-tour à droite ou à gauche devant l'obstacle. Pour remettre le cheval dans la bonne direction, on opposera un demi-tour à gauche au demi-tour à droite ou inversement. Quand le cheval résiste au demi-tour, opposer les épaules aux hanches.

Cheval se dérobant.

Quelques chevaux s'arrêtent court devant l'obstacle; dans ce cas il faut reculer le cheval de quelques pas pour prendre du champ et le ramener ensuite sur l'obstacle. Il faut surtout éviter de faire tourner à droite ou à gauche le cheval qui s'arrête ainsi, pour ne pas lui révéler un moyen d'éviter l'obstacle.

Quant aux chevaux qui refusent avec obstination de sauter, il n'y a que le moyen du caveçon et de la chambrière qui pourra réussir avec eux. Mais, dès qu'on aura obtenu un résultat, il ne faudra pas oublier de récompenser le cheval, en lui donnant une poignée d'avoine, pour l'encourager dans la bonne voie.

Pendant les premières séances on se bornera à franchir deux obstacles au plus; dans la suite on en augmentera le nombre, en en variant la nature. Il sera toujours préférable de placer les obstacles en largeur les derniers, à cause de l'allure allongée employée pour les franchir. Un espace de vingt-cinq mètres entre chaque obstacle sera ménagé afin de permettre au cavalier de reprendre son cheval après chaque saut; il va de soi que cette distance peut être plus grande.

En principe, il ne faut pas abuser des sauts d'obstacles qui exigent un violent effort de la part du cheval et sont souvent la cause de tares des membres et, par conséquent, d'usure prématurée. Le cavalier soucieux de la conservation de son cheval le fera sauter assez rarement; il préférera lui faire *passer* les obstacles, quand la chose sera possible : c'est-à-dire que, s'il rencontre par exemple un fossé, il en descendra la première berge au pas pour remonter l'autre de même, si elles ne sont pas trop escarpées.

Cheval s'arrêtant court devant l'obstacle.

Haute école.

CHAPITRE XIII

DE LA HAUTE ÉCOLE

La haute école comprend les airs de manège que l'on a appelés *airs bas* et *airs relevés*. Elle a donc trait à tout travail de deux pistes au pas, au trot et au galop, aux changements de pied au temps sur des lignes rétrécies, au piaffer, à des sauts tels que la courbette, la ballottade, etc.

Dans le travail de haute école, le cavalier déploie toutes les qualités qu'il possède en agissant sur son cheval, dont il perfectionne la souplesse, la grâce et la légèreté.

Le cheval destiné à accomplir un travail aussi difficile doit réunir des conditions remarquables de vigueur et de bonne conformation. Il doit être absolument net de tares, avoir un naturel docile, être parfaitement mis et équilibré.

Le cavalier qui veut entreprendre les airs de haute école doit posséder des qualités exceptionnelles de tact et de finesse ; il faut qu'il ait une main excellente, une solidité à toute épreuve et une puissance de jambes considérable.

Dans les airs de manège tels que le piaffer, le passage, le pas espagnol, le cheval doit avoir un jeu cadencé et régulier des membres ; il faut que les aides inférieures du cavalier le soutiennent ou l'engagent à propos dans le mouvement, en restant en accord avec la main, de façon à agir avec précision. Toute faute, au début, provenant du cheval doit être réprimée aussitôt, mais la maladresse du cavalier compromettrait le résultat final ; il faut donc une attention constante.

Le moyen le plus sûr pour arriver à la bonne exécution des airs bas ou relevés sera de mettre le cheval dans des conditions d'équilibre aussi parfaites que possible par l'assouplissement de toutes les régions du corps. Nous avons vu comment on arrivait à assouplir l'avant-main, et l'arrière-main ensuite ; ce travail sera repris.

Par les descentes de main et le relèvement de l'encolure on arrivera à grandir le cheval par l'élévation de la tête. En faisant refluer le poids en arrière, les épaules seront allégées et pourront être assouplies. Ce résultat obtenu, le cavalier, poussant les hanches sous les épaules, s'occupera de leur assouplissement en leur donnant de la mobilité par les pirouettes.

Lorsque le cheval sera suffisamment assoupli par ce travail, on pourra entreprendre l'étude des airs de haute école.

Le piaffer.

Le piaffer. — Le piaffer est l'air de manège dans lequel le cheval, sans avancer ni reculer, élève ses membres en diagonale, comme au trot, à intervalles égaux et aussi espacés que possible.

Nous ne saurions mieux faire que de citer ce que dit Baucher, relativement au piaffer : « Pour que le piaffer soit régulier et gracieux, il faut que les jambes du cheval, mues par la diagonale, se lèvent ensemble et retombent de même sur le sol, à intervalles de temps le plus éloignés possible. L'animal ne doit pas se porter davantage sur la main que sur les jambes du cavalier, afin que son équilibre possède la perfection de cette balance dont j'ai parlé plus haut. Lorsque le centre des forces se trouve ainsi disposé au milieu du corps et lorsque le rassembler est parfait, il suffit, pour amener un commencement de piaffer, de communiquer au cheval, avec les jambes, une vibration légère d'abord, mais souvent réitérée. J'entends par vibration une surexcitation de forces dont le cavalier doit toujours être l'agent.

« Après ce premier résultat, on mettra le cheval au pas, et les jambes du cavalier, rapprochées graduellement, donneront à l'animal un léger surcroît d'action,

Alors, mais seulement alors, la main se soutiendra d'accord avec les jambes et aux mêmes intervalles, afin que ces deux moteurs, agissant conjointement, entretiennent une succession de mouvements imperceptibles et produisent une légère contraction qui se répartira sur tout le corps du cheval. L'activité réitérée de cet ensemble de forces donnera aux extrémités une première mobilité qui sera loin d'abord d'être régulière, puisque le surcroît d'action que nécessite ce nouveau travail rompra momentanément le rapport harmonique des forces. Mais cette action générale est nécessaire pour obtenir même une mobilité irrégulière, car sans cela le mouvement serait désordonné et il n'y aurait plus d'harmonie entre les différents ressorts. On se contentera, dans les premiers jours, d'un commencement de mobilité des extrémités, en ayant soin de s'arrêter chaque fois que le cheval lèvera et reposera les pieds sans trop les avancer, pour le caresser, le flatter de la voix, et calmer ainsi la surexcitation que devra occasionner chez lui une exigence dont il ne comprendra pas encore le but. Ces caresses cependant doivent être employées avec discernement, et lorsque le cheval a bien fait, car mal appliquées elles seraient plutôt nuisibles qu'utiles; l'opportunité dans les cessions de mains et de jambes est bien plus importante; elle exige toute l'attention du cavalier.

« Une fois la mobilité des jambes obtenue, on pourra commencer à en régler et à en distancer la cadence. Ici encore, je chercherais vainement à indiquer avec la plume la délicatesse qui doit régner dans les procédés du cavalier, puisque ces effets doivent se reproduire avec une justesse, avec un à-propos sans égal. C'est par l'appui alterné des deux jambes qu'il arrivera à prolonger les balancements latéraux du corps du cheval, de manière à le maintenir plus longtemps sur l'un ou sur l'autre côté. Il saisira le moment où le cheval se préparera à appuyer la jambe de devant sur le sol, pour faire sentir la pression de sa propre jambe du même côté et ajouter à l'inclinaison de l'animal dans le même sens. Si ce temps est bien saisi, le cheval se balancera lentement, et la cadence acquerra cette élévation si propre à faire ressortir toute sa noblesse et sa majesté. Ces temps de jambes sont difficiles et demandent une grande pratique ; mais leurs résultats sont trop brillants pour que le cavalier ne s'efforce pas d'en saisir les nuances.

« Le mouvement précipité des jambes du cavalier accélère aussi le piaffer. Il règle donc à volonté le plus ou moins de vitesse de la cadence. Ce travail n'est brillant et complet que lorsque le cheval l'exécute sans répugnance, ce qui aura toujours lieu quand les forces conserveront leur ensemble, leur énergie, et que la position sera conforme aux exigences du mouvement. Il est donc urgent de bien connaître l'emploi des forces nécessaires pour l'exécution du piaffer, afin de ne pas les dépasser ; on veillera surtout au maintien du rassembler, qui de lui-même amènera le mouvement à se produire sans efforts. »

Le passage. — On appelle *passage* un air dans lequel le cheval exécute un trot très raccourci et cadencé, en se grandissant et se détachant du sol. Il avance très lentement, chaque temps étant marqué comme au trot, mais la cadence est beaucoup plus marquée et il reste séparé du sol plus longtemps. En somme le passage est un diminutif du piaffer.

Citons encore ce que dit Baucher à ce sujet : « Pour ce travail, le talent du cavalier consiste, non pas à faire une opposition continue avec la bride, chaque fois que les jambes agissent, mais bien à réunir tellement leurs forces au centre de gravité, comme pour le piaffer, que, même avec les rênes flottantes, le cheval n'avance qu'insensiblement à chaque surcroît d'action. On conçoit qu'il faut un rassembler bien complet pour que le cheval puisse exécuter avec régularité ce brillant et savant air de manège. »

Le passage.

Dans son ouvrage : *l'Écuyer*, M. V. Franconi nous dit de son côté : « Pour mettre le cheval au passage il faut, après l'avoir enfermé dans les aides, soutenir légèrement la main de la bride, laquelle maintient les épaules en ralentissant les mouvements en avant, pendant que les jambes, par leur pression aidée de l'éperon, actionnent l'arrière-main et font arriver le cheval sur le mors. Dans cette position, celui-ci élève ses actions, ne pouvant les développer. On en profite alors pour l'obliger à les soutenir, à les détacher autant que possible du sol, en recourant à de petits effets de mains

10

presque imperceptibles qui soutiennent et règlent chaque mouvement des épaules. Les jambes, de leur côté, toujours en rapport avec la main, complètent l'ensemble du travail des aides. Elles maintiennent l'action de l'arrière-main, au moyen de pressions soutenues par l'éperon, s'il est nécessaire, et qui arrivent également à marquer sur les flancs du cheval, par des pressions nerveuses, mais pareillement imperceptibles à l'œil, la mesure régulière de chaque temps. Car, si l'on précipitait l'allure, il est constant que l'exécution du passage se perdrait. »

On peut aussi arriver à mettre un cheval au passage en le pliant à des contre-changements de mains très rétrécis.

Le pas espagnol. — Le *pas espagnol* est une action du cheval en marche qui donne à ses membres antérieurs toute l'extension et l'élévation possibles. Pour obtenir ce mouvement, il faut pousser le cheval dans les jambes énergiquement et l'obliger à tenir d'abord une jambe en l'air. Pour cela on ramènera la tête du cheval à droite, par exemple, à l'aide de la rêne de filet; ensuite on portera la main de bride à gauche et on soutiendra vigoureusement des jambes, en accentuant davantage de la gauche pour former opposition

Le pas espagnol.

à la main. Le poids de la jambe droite du cheval finira par se reporter sur la gauche, pour s'élever au-dessus du sol. On répétera le même travail pour le membre gauche. Quand ces deux mouvements se feront aisément, on actionnera le cheval des deux jambes, jusqu'à l'éperon, s'il est nécessaire, comme si on voulait le porter en avant, et on obtiendra l'extension voulue. Dans le pas espagnol, il faut que le cavalier ait toujours l'initiative, et que le cheval n'agisse qu'à sa volonté. On peut aussi dresser le cheval à cet air de manège à l'aide de la cravache. Le cavalier étant à pied applique de petits coups de cravache répétés près du coude, pour obliger le cheval à étendre ses membres antérieurs. Lorsque l'extension est obtenue le cheval est monté, et les jambes du cavalier, agissant à la place de la cravache, soutiennent respectivement le membre du même côté de la monture.

Quand le cheval marque bien les temps de pas, on obtient le pas espagnol au trot en forçant l'action des jambes et en la poussant jusqu'à l'éperon, s'il le faut.

La courbette. — La *courbette* est un air relevé dans lequel le cheval, après s'être enlevé du devant, les genoux ployés, avance sous son centre de gravité les membres postérieurs, en gagnant du terrain par des bonds. Pour la bonne exécution de la courbette, il est nécessaire d'avoir des chevaux très vigoureux, d'une bonne conformation, surtout de l'arrière-main, et d'un naturel calme et docile.

Pour dresser un cheval à la courbette, on commence par lui apprendre à enlever d'abord l'avant-main en ployant les genoux ensemble, d'une hauteur à peu près égale à la moitié de celle du cheval se cabrant tout droit; à cet effet, on se servira de la cravache qui agit sur les membres antérieurs, et on répétera la leçon jusqu'à ce que le cheval ait à peu près le degré d'élévation voulu. On interrompra alors pour le caresser, et on reprendra cet exercice, en évitant de le prolonger.

Quand le cheval sera confirmé dans cette première partie de la courbette et que le ploiement des membres antérieurs sera tel que les pieds se relèveront jusqu'au coude environ, il restera à apprendre au cheval à pousser ses hanches sous le centre de gravité, et ensuite à baisser son devant, sous l'indication de la chambrière.

La courbette.

La courbette s'exécute d'abord entre les piliers; lorsque le cheval a pris l'habitude de cet air relevé, on le lui fait reprendre sur la piste et, lorsqu'il est parfaitement confirmé, sur la ligne du milieu. On ne demandera la courbette que deux ou trois fois de suite, dans les premiers temps; plus tard on arrivera à quatre ou cinq répétitions, mais toujours en observant le plus grand calme.

Le cavalier, pour déterminer l'enlever du devant, devra avoir la main énergique mais prompte, en même temps que les jambes auront une action assez puissante pour pousser les hanches sous le cheval, mais sans dépasser la mesure nécessaire, faute de quoi la cadence du mouvement serait perdue. Il est donc indispensable, pour la bonne exécution de la courbette, que le cavalier possède du tact et de la souplesse pour conserver un équilibre aisé et élégant.

La ballottade.

La croupade et la ballottade. — La *croupade* est un saut dans lequel le cheval retrousse ses membres postérieurs sous le ventre, en même temps qu'il ploie les genoux autant que les jarrets.

La *ballottade* diffère de la croupade en ce que le cheval, étant enlevé, plie les genoux et les jarrets en montrant ses fers, sans détacher la ruade.

Ces airs relevés sont tout d'abord exécutés dans les piliers, ensuite au dehors ; mais, en raison des violents efforts qu'ils nécessitent, on ne les répète que deux ou trois fois, au début. Pour donner la cadence voulue et l'enlever nécessaire, on fait usage de la cravache et de l'éperon. Pour obtenir l'enlever des épaules, des attouchements légers de la cravache seront employés, tandis que, pour celui de la croupe, l'usage de la cravache sera plus sévère. L'éperon servira à appuyer l'action des jambes quand elles ne suffiront pas à enlever le cheval assez haut de terre.

Il faut être sobre de ces airs relevés qui servent à éprouver l'assiette du cavalier, mais ont l'inconvénient de fatiguer rapidement les membres du cheval.

La cabriole. — La *cabriole* ou *capriole*, comme on l'appelait jadis, est un air relevé dans lequel le cheval, étant également enlevé du devant et du derrière, détache la ruade en montrant les fers.

On exerce le cheval à la cabriole dans les piliers, au début, et lorsqu'il a déjà exécuté la croupade et la ballottade d'une façon satisfaisante.

L'emploi de la cabriole est très efficace pour obliger le cheval à détacher la ruade pendant que ses quatre membres sont en l'air, et pour l'empêcher de toucher le sol avant la détente des membres postérieurs.

Quand on a obtenu la cabriole correctement, entre les piliers, le cheval est exercé au même mouvement sur la ligne du milieu du manège. Le cavalier emploie la cravache, en frappant successivement, mais rapidement, l'épaule d'abord, puis la croupe.

La cabriole exige une puissance musculaire considérable dans la croupe, et ne peut être demandée à tous les chevaux.

De la part du cavalier, elle exige une grande souplesse, pour se lier aux mouvements violents du cheval.

La cabriole.

Manière de descendre une pente.

CHAPITRE XIV

L'ÉQUITATION A L'EXTÉRIEUR

On entend par *équitation à l'extérieur* l'emploi du cheval en dehors du manège, dans toutes les circonstances, en terrain plat ou accidenté, dans les rues d'une ville, sur une route, à travers champs, etc.

Le cavalier a été initié jusqu'ici à la connaissance du cheval, à la façon de se servir des aides et d'assurer son assiette, mais ces exercices variés se sont toujours faits entre quatre murs. Il est temps de mettre à profit les qualités acquises par l'élève, pour lui apprendre à se servir de son cheval, à le conduire et à en tirer parti, lorsqu'il se trouve en plein air.

Nous allons donc examiner les situations principales dans lesquelles peut se trouver le cavalier en dehors du manège.

Départ de l'écurie. — Le cheval est conduit hors de l'écurie et, avant de le monter, le cavalier passe une inspection attentive du harnachement ; il s'assure que la selle est bien placée, que ses bandes sont à environ quatre travers de doigt de l'épaule, que les quartiers sont bien à plat, que les sangles sont convenablement serrées et permettent de passer la main entre elles et le corps du cheval. Passant ensuite à la bride, il regarde si le cheval est bien embouché, si la sous-gorge n'est pas trop serrée et si la gourmette est placée sur son plat et ne comprime pas la barbe. Le cavalier s'occupe ensuite de la ferrure et il vérifie si elle est en bon état, en faisant lever successivement les pieds du cheval.

Lorsque le cavalier a terminé cette opération il peut monter à cheval et se diriger vers la campagne. Le plus souvent, avant d'y arriver, il faudra traverser les rues d'une ville et, dans ce cas, on ne saurait recommander trop de précautions. Les rues, généralement pavées, offrent un parcours glissant, qui est souvent cause d'accidents. Les pentes, qui existent de chaque côté de la chaussée, seront évitées par le cavalier. Il choisira de préférence le milieu de la rue, et devra marcher à l'allure du pas. Si des voitures viennent à sa rencontre, il devra leur laisser le côté gauche de la rue, et se tenir autant que possible à une distance assez grande pour éviter le contact des roues.

Le cheval parfois ombrageux, ou n'ayant pas l'habitude de passer dans les rues d'une ville, peut opposer des défenses, s'arrêter par exemple, refuser d'avancer, reculer ou se cabrer; le cavalier doit éviter d'engager avec lui une lutte qui pourrait amener la chute de sa monture, et partant de graves accidents causés par le pavé glissant et le manque d'espace libre. Il vaut mieux recourir à la douceur.

Comme nous l'avons dit, on ne doit pas trotter, autant que possible, sur les chaussées pavées, mais il est recommandé plus spécialement de ne pas employer l'allure du galop; outre le danger qui en résulterait pour le cavalier, le cheval ne pourrait qu'y contracter des tares des membres. Du reste, il est essentiel de parcourir au pas, au sortir de l'écurie, une distance de quatre ou cinq cents mètres, pour mettre le cheval en haleine.

Travail à l'extérieur.

Routes, chemins de culture, sentiers, etc. — Lorsque le cavalier sera arrivé en dehors de la ville, il se trouvera généralement sur une route ou sur un chemin *macadamisé.* Comme ce genre de voies a l'inconvénient d'être trop dur pour les pieds du cheval, il faudra éviter de marcher au milieu et choisir de préférence les accotements, qui sont faits d'un terrain plus doux; on a constaté, en effet, que les chevaux obligés à parcourir au pas ou au trot le milieu des routes étaient usés à courte échéance.

Les temps de trot et de galop devront être alternés, et l'on n'emploiera ces deux allures qu'en les séparant par des parcours au pas, au moins aussi longs, pour ne pas mettre le cheval hors d'haleine.

Les pentes de longue étendue seront gravies au pas ou descendues de la même manière.

S'il existe, dans les environs, des chemins de culture aboutissant au but de la promenade, il conviendra de les prendre de préférence; ces chemins n'étant pas empierrés offrent presque toujours un sol élastique parfaitement approprié aux parcours à cheval.

On trouve aussi, sous bois, des chemins tapissés de gazon très favorables pour parcourir, aux allures vives, de longues distances, sans fatigue pour les membres.

Il y a enfin des sentiers qui offrent aussi ces avantages, malgré leur largeur restreinte.

Pentes. — Manière de les gravir ou de les descendre. — En principe, les pentes sont gravies au pas : lorsque leur inclinaison est très marquée, le cavalier dirige son cheval de manière à ne pas les parcourir obliquement, surtout si le terrain est glissant. Il rend la main en portant le corps en avant pour décharger les hanches, et pour donner au cheval plus de facilité pour monter.

Si la pente est raide, le cavalier saisit une poignée de crins, près de la tête, et s'enlève sur les étriers, en excitant le cheval de l'éperon et de la voix.

Pour descendre une pente de même nature, il faut d'abord passer au pas, diriger sa monture, et puis rendre la main pour laisser le cheval libre de choisir le terrain sur lequel il veut poser les pieds, en allongeant l'encolure et en prenant la position la plus favorable de la tête.

Cependant, si le cavalier n'avait pas confiance dans la solidité de son cheval, il serait préférable de le tenir sur le filet, en ne relâchant que modérément les rênes de bride.

Pendant la descente, le cavalier porte le corps en arrière pour décharger les épaules et, si la pente est rapide, il saisit de la main droite le troussequin pour ne pas glisser vers le garrot. Si la pente est escarpée, ne pas hésiter à mettre pied à terre quand il est impossible de la tourner.

D'une façon générale, dans les montées comme dans les descentes, il est bon de laisser au cheval son initiative, tout en ayant les aides vigilantes.

Passage du gué.

Obstacles divers, terrains difficiles. — Dans les terrains parsemés de pierres et d'ornières, il faut que le cavalier ait toujours les jambes près et tienne son cheval dans la main, pour prévenir les chutes, en lui laissant toujours une certaine liberté pour éveiller son instinct.

Si c'est un terrain marécageux qui se présente, et qu'on soit obligé de le traverser, on marchera très lentement, pas à pas; il sera préférable de mettre pied à terre, si le cheval se tracasse ou marque de l'inquiétude, et de le conduire à la main.

Cheval passant un fossé.

Quand on aura un cours d'eau à traverser, on recherchera un gué. Il sera facilement reconnaissable à un chemin ou sentier aboutissant d'un côté au cours d'eau, et dont on apercevra le prolongement sur la berge opposée. On s'engagera alors dans l'eau, en se dirigeant sur le point où l'on veut aboutir, sans le perdre de vue. Si un fossé se trouve sur le parcours à travers champs, examiner d'abord s'il est possible de le franchir; dans le cas de l'affirmative, on se conformera aux principes relatifs au saut des obstacles en largeur; mais, si le cavalier reconnaît qu'il présente de trop grandes dimensions, il se contentera de le passer, en se conformant aux règles indiquées pour la descente et la montée des pentes raides; ce moyen doit être toujours employé pour ménager le cheval, surtout lorsque le parcours à faire est considérable.

Des haies vives ou artificielles peuvent aussi s'opposer à la marche en avant du cavalier: lorsqu'elles ne dépasseront pas les hauteurs indiquées au chapitre des sauts d'obstacles, elles seront franchies; mais, si elles présentent une grande élévation, il vaudra mieux passer à travers, à moins qu'elles ne soient trop épaisses ou formées de bois épineux.

Chasses; rallie-papiers. — La chasse à cheval exige un déploiement considérable de forces et d'énergie; aussi les chevaux qu'on y destine doivent-ils être préparés par un entraînement rationnel, tout comme les chevaux de course, aux efforts fréquents qui leur sont demandés. De plus, ils doivent réunir des qualités spéciales, que le cheval de chasse anglais, le *hunter*, possède au plus haut point. Il faut qu'ils soient de bonne taille, bien musclés, qu'ils aient le rein court et l'arrière-main puissante.

Pour suivre une chasse à courre, le cavalier sera bien assis avec des étriers un peu courts, afin de prendre le point d'appui aux allures vives, qu'il aura souvent occasion d'employer. Mais, dans ces courses rapides, il s'abstiendra de lutter de vitesse avec les autres cavaliers, parce qu'il doit toujours avoir soin de ménager sa monture de manière à la trouver fraîche quand il y aura un effort à fournir. Il ne faut pas non plus que le cheval soit épuisé par la fatigue à la fin de la chasse; aussi, chaque fois qu'on pourra disposer d'un deuxième cheval, on ne manquera pas de le faire placer en relais dans un endroit désigné à l'avance.

Les terres labourées, au sol meuble, où les chevaux enfoncent et se mettent rapidement hors d'haleine, seront évitées avec soin; on cherchera un passage aux environs, tel qu'un sentier ou un terrain non remué, même s'il y a un détour assez long à faire. Mieux vaut perdre un peu de temps et ménager le cheval.

Si des accidents de terrain se présentent et que leur ascension paraisse pénible, il faudra les tourner plutôt que les gravir. En principe, les obstacles de toute nature qui seront rencontrés seront passés plutôt que sautés.

Cependant, dans toutes les chasses à courre, que ce soit au renard, au cerf ou au chevreuil, on rencontre des murs, barrières, haies, fossés ou ruisseaux qu'il faut franchir pour suivre la chasse. Ces obstacles imprévus sont généralement inconnus aux chevaux : il sera donc prudent de les aborder à une allure modérée, s'ils sont en hauteur, pour que le cheval ait le temps de mesurer l'étendue du saut à faire : sans cela il peut en résulter des accidents. Les fossés ou ruisseaux seront abordés à une allure plus allongée, comme on l'a déjà dit. Ces règles générales sont modifiées cependant suivant le cas : ainsi les murs en pierres et les barrières fixes sont franchis à un galop ralenti et rassemblé ; les barrières en clayonnage et les palissades seront franchies avec précaution, de crainte que le cheval n'y reste empêtré.

Hunter.

Les haies trop élevées pour être sautées seront traversées quand elles ne seront pas d'une grande épaisseur. Dans ces divers sauts le cavalier, tout en laissant la liberté nécessaire au cheval pour s'enlever, doit le tenir dans les jambes et dans la main, bien s'asseoir et ne jamais l'abandonner.

Tout ce que nous venons de dire s'applique à ces jeux, si en honneur depuis quelques années, connus sous le nom de *rallie-papiers* (1). Ce sont de fausses chasses à courre où le gibier est remplacé par un cavalier qui remplit le rôle de la bête et parcourt un itinéraire dont on ne connaît que le point de départ et le lieu d'arrivée. La « bête » part une heure ou deux avant les chasseurs et sème sur son parcours des rognures de papier qui servent à tracer la piste à suivre, mais en laissant des interruptions ou *défauts*, dans le but de dérouter. Les chasseurs, dont le nombre n'est pas limité, doivent passer par tous les points semés de papier, et celui qui, ayant rempli ces conditions, arrive le premier au but indiqué d'avance est proclamé vainqueur.

Parfois on augmente les difficultés du parcours en ajoutant des obstacles artificiels à ceux que présente déjà le sol où s'effectue le rallie-papiers.

Dans tous les cas, le cavalier doit ménager sa monture et ne jamais toucher le but avec un cheval exténué de fatigue. Ces exercices, bien menés, peuvent donner

(1) Rappelons en passant que l'orthographe *rallye-paper*, adoptée par beaucoup de gens, est un véritable barbarisme. Le mot n'est pas anglais, mais français. On dit de l'autre côté du détroit *paper-hunt*, *paper-chasse* et non point *rallye-paper*.

de très bons résultats, en augmentant la vigueur et la hardiesse du cavalier qui doit arriver à fournir encore, s'il le faut, une longue traite après la chasse.

Rentrée à l'écurie. — Après une promenade, une chasse, ou un parcours quelconque à cheval d'une certaine durée, l'animal sera, en rentrant, l'objet de soins attentifs.

La rentrée à l'écurie aura été précédée d'un temps de pas d'autant plus long que la course fournie aura été d'une durée plus grande; il faudra toujours marcher au pas au moins sur une longueur de 4 à 500 mètres, et, dans certains cas, jusqu'à 2 et 3 kilomètres.

Il faudra éviter autant que possible de ramener à l'écurie un cheval en sueur et, lorsque le cas se présentera, on aura soin de le couvrir à l'aide de couvertures de laine, dès sa rentrée, et de fermer portes et fenêtres. Aussitôt attaché à l'aide du licol et de la longe, le cheval, débarrassé de la selle et de la bride, est soumis à un bouchonnage complet; si la sueur est abondante, on se sert du *couteau de chaleur*.

Lorsqu'il est sec, on le couvre de nouveau, et l'éponge mouillée est passée avec soin sur les yeux et les naseaux, que l'on essuie ensuite à l'aide d'une serviette. Les membres sont aussi l'objet de soins particuliers. On les soumet au massage, fait à l'aide des mains, à la région du tendon et du boulet. Si de la chaleur ou de l'engorgement sont reconnus, une douche froide sera donnée sur la partie malade. Quand ces symptômes persisteront, il faudra faire appel au vétérinaire. Les paturons devront être parfaitement brossés et séchés à l'aide de l'époussette, les pieds débarrassés des corps étrangers qui se logent souvent entre la fourchette et le fer.

Le cavalier soucieux de la santé de son cheval doit s'astreindre à surveiller les soins qui lui sont nécessaires à sa rentrée du dehors.

La rentrée à l'écurie.

Cheval emporté.

CHAPITRE XV

DES DÉFENSES DU CHEVAL

On appelle *défenses*, chez le cheval, les moyens qu'il emploie pour se soustraire à la domination du cavalier. Les défenses peuvent provenir d'un mauvais naturel, ou être le résultat de mauvais traitements infligés à l'animal ; d'autres fois elles proviennent seulement d'un dressage mal conduit.

Quand les défenses proviennent du naturel vicieux du cheval, elles sont combattues par des procédés que nous indiquons d'une façon générale, mais qui ne sont pas des règles absolues. Le tact, l'habileté équestre du cavalier seront les meilleurs guides pour résister aux défenses; mais il sera encore préférable d'aller au devant de ces luttes que de les laisser naître. Nous allons examiner les défenses les plus habituelles, en donnant des conseils qui ne peuvent naturellement pas embrasser les cas imprévus.

Si les défenses provenaient d'ignorance du cheval et d'un dressage incomplet, il y aurait lieu de reprendre cette éducation et d'en combler les lacunes.

La pointe ou cabrer. — La pointe ou cabrer est une défense dans laquelle le cheval s'arrête tout à coup et s'enlève du devant sur les membres postérieurs. Cette défense est dangereuse, soit que le cavalier glisse en arrière et tombe à terre, soit que le cheval, faute d'une vigueur suffisante des jarrets, se renverse sur le dos. Souvent elle provient de la dureté de la main du cavalier, ou bien elle naît du besoin qu'éprouve le cheval de se soustraire à l'effet des aides par cette défense.

Le meilleur moyen d'empêcher cette manifestation d'indocilité est d'empêcher le cheval de s'arrêter, de façon à paralyser son mouvement, en agitant les rênes contre l'encolure et les jambes contre les flancs. Dès que le cheval cède en se portant en avant, il faudra éviter avec soin toute correction, parce qu'elle n'aurait comme effet que d'engager le cheval à ne pas se porter en avant une autre fois.

Quand le cheval pointe avant que le cavalier ait eu le temps de prévenir la défense, le meilleur parti à prendre sera de rendre la main de bride, et de saisir avec la main droite une poignée de crins sur l'encolure, de manière à décharger les hanches le plus possible en portant le corps en avant.

Pendant que le cheval se cabre, il faut éviter d'avoir

les étriers chaussés; la pointe du pied seule sera tenue à l'appui, afin de pouvoir se dégager facilement si le cheval tombe sur le côté ou sur le dos. Lorsque le cavalier a assez de confiance dans sa solidité, il est encore préférable d'abandonnner complètement les étriers au moment où le cheval s'enlève. Il importe surtout de ne pas tirer sur les rênes et de rendre, au contraire, la main pour ne pas précipiter soi-même la chute du cheval.

Quand le cavalier est habile, après avoir rendu la main au moment où le cheval s'enlève, il fait sentir de petites tractions répétées sur la rêne droite de filet, pour le forcer à baisser la tête et à poser ses membres antérieurs à terre.

L'écart.

L'écart. — Lorsqu'un cheval manifeste de l'appréhension à la vue d'un objet et refuse d'avancer en s'en écartant, il faut chercher à le ramener pas à pas et à le rapprocher plusieurs fois de ce qui cause sa crainte afin de le lui faire voir de près. Cependant ce n'est pas au moment même où se produit la défense qu'il faut ramener le cheval; il importe de le calmer d'abord. Ce saut de côté, qui indique la frayeur, a reçu le nom d'*écart*.

Il est recommandé de s'abstenir de toute correction au moment où se produit l'écart, car elle n'aurait pour effet que d'ajouter à la première crainte celle du châtiment dont le souvenir en serait rendu inséparable pour le cheval. Il faut, au contraire, user de douceur, en caressant sa monture; c'est le moyen le plus sûr pour dissiper ses craintes.

La ruade. — La ruade est une défense qui consiste, pour le cheval, à porter tout son poids sur les membres antérieurs, en élevant l'arrière-main plus ou moins haut, et en donnant une brusque détente aux membres postérieurs.

Certains chevaux ruent habituellement parce que le poids du cavalier est une souffrance pour leur rein ou leurs jarrets; d'autres parce qu'ils sont chatouilleux, et que les jambes ou l'éperon leur causent une sensation désagréable.

Lorsque la ruade a pour cause la souffrance qui résulte d'une conformation défectueuse, il y a lieu d'éviter les allures raccourcies et les arrêts brusques qui ont un contre-coup pénible pour l'arrière-main. Avec les chevaux de cet ordre, une bonne alimentation jointe à un travail régulier de chaque jour fera disparaître cette souffrance en fortifiant les reins et les jarrets. On s'appliquera surtout à les rendre souples de l'encolure, de façon que l'action de la main ne réagisse pas sur le rein ou sur les jarrets.

Si le cheval rue à l'approche des jambes ou de l'éperon, on l'habitue d'abord progressivement à supporter l'action des jambes; quand ce résultat est obtenu, on passe à la leçon de l'éperon, en se servant au besoin du caveçon, si la résistance continue

L'arrêt précédant toujours la ruade, il ne faut pas attendre pour la combattre que le cheval soit de pied ferme; le cavalier, au moment où sa monture marque l'intention de s'arrêter pour se livrer à cette défense, doit la pousser vigoureusement en avant, en faisant usage de la cravache sur les épaules et en lui relevant brusquement la tête.

Pendant la ruade, la position du cavalier se modifie, en portant le corps en arrière, pour résister aux mouvements désordonnés du cheval, et ne pas être projeté en avant.

Certains chevaux chatouilleux à l'éperon *ruent à la botte*, c'est-à-dire donnent des coups de pied à l'aide des membres postérieurs, et arrivent à toucher le talon de la chaussure du cavalier. On les corrige de cette mauvaise habitude à l'aide de la cravache, appliquée du côté où le coup de pied est donné, et par une traction sur les rênes du même côté, afin d'infléchir la tête et l'encolure.

Chevaux irritables. — Il y a des chevaux qui ressentent d'une façon très vive les impressions que leur communique le cavalier. Beaucoup de ménagements seront nécessaires pour ne pas exciter la sensibilité de ces chevaux et pour éviter de les rendre trop craintifs; il faudra user de la plus grande douceur et d'une patience absolue pour obtenir l'obéissance. Dans ce but le dressage sera repris, ou commencé s'il n'a pas été fait, en employant les moyens et les règles ordinaires, mais en agissant très graduellement et en s'efforçant de captiver l'attention du cheval et de dominer sa sensibilité par le sentiment de l'obéissance.

Le cavalier évitera avec soin les surprises de main et des jambes, et agira avec plus de légèreté et de mesure qu'avec les autres chevaux. Les chevaux irritables devront sortir tous les jours de l'écurie, et être soumis à un travail suffisant pour calmer leur tempérament; un repos prolongé ne saurait leur être que nuisible et les rendrait d'un emploi difficile.

Chevaux qui s'emportent. — Les causes qui poussent les chevaux à s'emporter sont diverses : les uns s'emportent à la vue d'un objet effrayant pour eux; d'autres à la suite de mauvais traitements du cavalier; quelques-uns par suite de faiblesse du rein ou des jarrets et de la douleur qu'ils éprouvent en s'arrêtant; enfin il y a les chevaux que leur tempérament irritable conduit à cette défense, ou bien que l'incertitude des aides du cavalier ne fait qu'exciter, lorsque déjà leur naturel chaud les y prédispose.

Le cheval emporté est toujours dangereux : affolé, méconnaissant les aides du cavalier, il peut dans sa course se jeter contre une voiture venant en sens inverse ou contre un autre cavalier, se précipiter contre un mur ou s'abattre.

Le cavalier doit avoir attention de ne pas exciter le cheval impressionnable, soit par une main et une assiette incertaine, soit en lui échauffant la bouche.

Il faut d'abord empêcher le cheval de gagner à la main lorsqu'il cherche à y arriver; mais, s'il est trop tard pour l'empêcher et que le cheval soit déjà lancé, le cavalier baisse la main en tirant sur les rênes, s'il porte au vent, et l'élève au contraire lorsqu'il s'encapuchonne. Quand l'action de la bride est insuffisante, il scie du filet avec les deux mains. Il arrive que la sensibilité de la bouche est nulle par suite de barres offensées; le cheval est alors conduit sur le filet.

Lorsque le cavalier s'aperçoit que tous ces moyens ne peuvent suffire à arrêter son cheval, il se sert des procédés suivants: la tête est attirée tantôt à droite, tantôt à gauche, pour rompre la symétrie du galop. Ou bien le cavalier porte le corps en arrière, en s'arcboutant sur les étriers, tout en élevant et abaissant alternativement les mains. Il y a enfin un dernier moyen, reconnu comme le meilleur lorsque les autres n'ont pu réussir à maîtriser le cheval : le cavalier exerce une traction sur les rênes *d'un côté*, d'avant en arrière, dans la direction de la hanche opposée, afin de *tordre la tête* du cheval. Il n'abandonne pas les rênes de l'autre côté; cependant, dans certains cas, le cavalier les lâchera d'un côté pour tirer des deux mains dans le sens indiqué plus haut. Il est très important de ne pas *ouvrir* les rênes.

Enfin, si le cavalier sent son impuissance à arrêter

son cheval, il devra chercher seulement à le diriger, s'il a du terrain devant lui, ou à le mettre en cercle.

Tête-à-queue. — La défense appelée *tête-à-queue* n'est autre qu'un demi-tour fait brusquement par le cheval, et qui provient ou d'un naturel vicieux ou simplement de la peur. On voit quelquefois des chevaux qui font successivement, et rapidement, deux ou trois tête-à-queue, ce qui rend cette défense assez difficile à combattre. Cependant on peut arriver à la faire disparaître ou tout au moins à l'atténuer par les moyens suivants: acheminer d'abord le cheval sur l'objet de ses craintes, comme dans l'écart, et pour cela opposer à un demi-tour à droite qu'a fait le cheval, par exemple, un demi-tour à gauche, au moyen de la jambe droite fermée et de la rêne gauche ouverte. Ce mouvement se fait insensiblement, sans brusquerie; lorsque le cheval est dans la direction voulue, on le pousse sur l'endroit qui l'effraye, en le calmant par des caresses.

Si le cheval avait fait un demi-tour à gauche, on opposerait un demi-tour à droite.

Mais il ne faut pas faire succéder le nouveau demi-tour immédiatement au tête-à-queue : il est préférable de laisser le cheval faire quelques pas dans la nouvelle direction. S'il avait pris le trot ou le galop, en faisant face en arrière, on le remettrait au pas peu à peu avant de lui demander le demi-tour.

Chevaux qui reculent. — Certains chevaux s'arrêtent sans raison apparente et reculent, les uns par peur, d'autres par mauvaise volonté. Cette défense peut devenir dangereuse en occasionnant des chutes dans un fossé ou une dépression de terrain quelconque, ou un choc contre un mur, une voiture, etc. Le cavalier la combattra en rendant la main, en portant le haut du corps en arrière et en fermant vigoureusement les jambes derrière les sangles. L'arrière-main étant chargé rendra le mouvement rétrograde difficile et, d'un autre côté, les rênes n'opérant pas de traction sur la bouche et les jambes le poussant, le cheval se portera en avant en cessant de reculer.

Cheval qui recule.

Il arrive que le cheval n'obéit pas aux jambes; on se servira alors de l'éperon et, si ce moyen ne suffisait pas, l'usage de la cravache appliquée énergiquement sur la croupe serait nécessaire.

Sauts de mouton. — Les chevaux, surtout quand ils sont jeunes, se livrent assez fréquemment au sortir de l'écurie à des bonds ou *sauts de mouton.* C'est presque toujours un indice de gaieté et de vigueur chez le jeune cheval, et dans ce cas il n'y a pas lieu de s'en préoccuper beaucoup; mais, chez d'autres chevaux plus âgés, c'est souvent une défense qui peut être dangereuse.

Dans tous les cas, on combattra ces manifestations, qu'elles proviennent d'exubérance ou de malice, par les moyens suivants :

Faire toujours promener ces chevaux avant de les monter, afin de les briser et de rendre leurs articulations souples, ce qui est souvent, en raison de leur raideur au sortir de l'écurie, la cause des sauts de mouton, ou bien mettre ces chevaux à la longe pendant quelques instants pour les calmer.

Si le cheval se livre ensuite à des bonds, le cavalier élèvera les poignets et, au moyen des rênes de filet, relèvera la tête du cheval, qui la baisse presque toujours pour sauter plus aisément. Au besoin, il devra scier du filet et pousser le cheval en avant dans les jambes; si les jambes ne suffisaient pas, il se servirait de la cravache.

Il ne faut pas tirer sur les rênes constamment, pendant cette défense, parce que le cheval, en s'appuyant sur la main, trouverait plus de facilité pour exécuter ses bonds et les rendrait plus violents.

Saut de mouton.

Du trot.

CHAPITRE XVI

L'ÉQUITATION DES DAMES

A la cravache.

L'homme n'a pas gardé pour son usage exclusif l'art de l'équitation; cet art a été pratiqué par les femmes de tous les temps, et beaucoup y ont excellé dans le passé. Aujourd'hui, combien n'y en a-t-il pas qui font admirer leur souplesse et leur grâce, en se livrant à ce noble et salutaire exercice! Le mouvement qu'il donne, l'air pur qu'on respire dans les longues promenades à la campagne, ne peuvent que réagir heureusement sur les forces physiques, tout en servant de détente à l'esprit. Aussi les dames qui se sont fait initier à l'équitation, et qui en ressentent les heureux effets, en restent-elles habituellement les adeptes fidèles et assidus.

On conçoit aisément qu'elles ne peuvent fournir des courses aussi longues que l'homme; cependant il y a des femmes assez résistantes pour rester plus de six à huit heures en selle et assez hardies pour sauter tous les obstacles qu'elles rencontrent sur leur passage. Il est vrai qu'elles n'arrivent à ce résultat que par un entraînement long et méthodique, et qui ne saurait être supporté impunément par toutes.

Ici, nous visons un but plus modeste; nous nous proposons seulement de donner aux dames les principes indispensables pour leur permettre de sortir du manège et d'aller faire des promenades au dehors, en ayant en selle une position élégante et suffisamment solide pour tirer parti de leur monture. Ce but peut être atteint après un mois et demi de travail environ.

Pour monter à cheval, la femme est revêtue d'une robe plus longue devant que derrière, appelée *amazone*, et d'un corsage collant qui dessine sa taille. Comme coiffure, elle porte un chapeau haut de forme, semblable à celui des hommes, mais de dimensions réduites.

Les cheveux sont relevés et assujettis, de façon à ne pouvoir se dénouer par un mouvement brusque du cheval. C'est un point important, vu le danger qu'il pourrait y avoir pour la femme si ses cheveux épars venaient gêner sa vue, ou si elle abandonnait momentanément les rênes pour réparer le désordre de sa chevelure.

La femme porte généralement un éperon au talon gauche; il est placé sur la botte ou la bottine à l'aide de brides en cuir et d'une boucle.

Elle tient dans la main droite une cravache mince destinée à augmenter l'allure, à faire ranger les branches ou à châtier le cheval.

INSTRUCTION PRATIQUE

Il est nécessaire pour les dames qui veulent monter à cheval de connaître les parties principales qui composent l'extérieur de l'animal. Il faut qu'elles sachent le nom des régions de la tête, de l'encolure, du corps et des membres, d'un usage constant dans le langage hippique.

Ensuite il faudra les initier à la connaissance des différentes parties du harnachement, se composant d'une bride et d'une selle.

La bride est analogue à celle dont se servent les cavaliers; la monture et les rênes sont en cuir fauve, mais plus léger que celui employé par les hommes, et souvent enroulé sur lui-même; elle se compose, d'ailleurs, d'un mors de bride et d'un filet.

La selle, de dimensions plus grandes que la selle anglaise, se compose de la même manière quant à la structure, c'est-à-dire d'un arçon, de bandes et d'arcades de devant et de derrière.

L'arçon est recouvert par le siège, les quartiers et les faux-quartiers; mais le siège est plus long et pourvu, à sa partie antérieure, de deux ou trois fourches destinées à maintenir les jambes. Un surfaix, placé sur les quartiers, est destiné à empêcher la selle de tourner, indépendamment des sangles qui sont au-dessous. Un étrier unique, placé du côté gauche, porte à sa partie supérieure, près de l'œil, un coussinet en velours pour protéger le cou-de-pied.

Avant de mettre la femme à cheval, il faut s'assurer que la bride est bien placée, que la selle est bien fixée à l'aide de la sangle et du surfaix, point intéressant, vu qu'elle a toujours une tendance à tourner du côté gauche, à cause de la position de la femme à cheval.

Leçon du montoir. — Des précautions doivent être prises pour s'approcher du cheval, afin d'éviter un écart, un coup de pied ou une ruade, qui peuvent produire des accidents, lorsqu'il est abordé à l'improviste. Pour éviter toute surprise, l'élève s'approchera du cheval du côté de la tête et le flattera de la main sur l'encolure en se plaçant à hauteur de l'épaule.

Leçon du montoir.

Le cheval sera tenu par un homme d'écurie pour la leçon du montoir; mais il faudra, de plus, un aide pour soutenir la femme et pour prévenir une chute. L'aide, se plaçant à hauteur de l'épaule gauche du cheval, tiendra les mains jointes pour recevoir le pied de l'élève, qui a commencé par saisir la deuxième fourche avec la main droite, dans laquelle se trouve la cravache. Élevant un peu la jambe gauche, elle place son pied comme nous venons de le dire, et appuie sa main gauche sur l'épaule droite de l'aide, puis elle s'enlève sur les mains jointes de ce dernier en tendant le jarret droit et se met en selle. Aussitôt en selle, elle place la jambe droite entre la première et la deuxième fourche, et la jambe gauche sous la troisième. Lorsque l'élève est bien assise, elle abandonne la fourche de la main droite, engage le pied gauche dans l'étrier, ajuste les rênes et rectifie les plis de sa robe.

La femme peut monter à cheval d'une autre manière, l'homme ne lui donnant que la main gauche comme appui du pied, et la soutenant sous le bras gauche avec la main droite.

Quoiqu'il soit toujours préférable qu'un aide prête son secours à la femme pour se mettre en selle et aller au-devant d'un accident, elle peut cependant s'en passer en se servant soit d'une chaise, soit d'un banc ou d'un montoir fixe, comme il en existe à cet effet.

Position de la femme a cheval. — Pour que la position de la femme à cheval soit à la fois solide et gracieuse, la première qualité à acquérir est une bonne assiette qui empêche les bras et les jambes de remuer. Dans ce but, elle sera assise un peu de côté, et en arrière, l'épaule droite un peu en avant de la gauche, la jambe droite embrassant bien la fourche de façon que le corps ne glisse pas en arrière et à gauche, la jambe gauche sous la troisième fourche de façon à l'arrêter et à empêcher le corps d'être déplacé vers la droite par suite de mouvements brusques du cheval. L'étrier ajusté à la longueur convenable est complètement chaussé, le pied à plat sur la semelle, le talon plus bas que la pointe, la jambe près. Le corps doit être droit, sans raideur; lorsque le cheval s'arrête, la femme se porte un peu en arrière d'un mouvement souple; elle agit de même lorsque le cheval passe d'une allure vive à une allure lente, ou s'il se livre à une défense. La tête doit être droite, aisée et dégagée. Les bras tomberont naturellement, les coudes près du corps, les mains à la même hauteur et environ à 0m,05 au-dessus du genou droit.

Position de la femme à cheval.

Mettre pied à terre. — Pour mettre pied à terre, il

faut commencer par déchausser l'étrier droit et par abandonner les rênes, dégager ensuite la jambe droite de la fourche et s'asseoir de côté, les jambes réunies, en saisissant la fourche avec la main droite, placer la main gauche sur l'épaule de l'homme qui vient se placer à portée, et sauter légèrement à terre en fléchissant sur les jarrets.

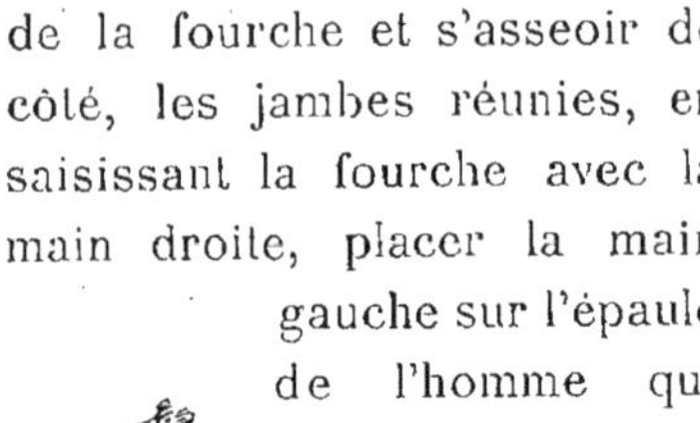

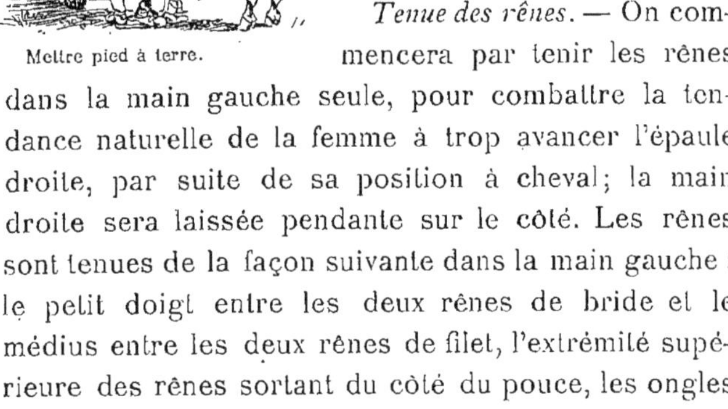

Mettre pied à terre.

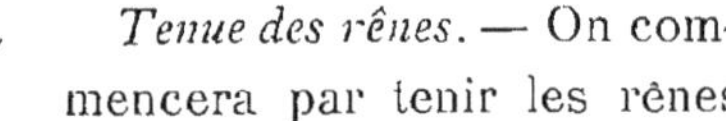

Tenue des rênes. — On commencera par tenir les rênes dans la main gauche seule, pour combattre la tendance naturelle de la femme à trop avancer l'épaule droite, par suite de sa position à cheval; la main droite sera laissée pendante sur le côté. Les rênes sont tenues de la façon suivante dans la main gauche : le petit doigt entre les deux rênes de bride et le médius entre les deux rênes de filet, l'extrémité supérieure des rênes sortant du côté du pouce, les ongles vis-à-vis du corps, la main environ à $0^{m},05$ du genou droit et au-dessus.

Cette manière de tenir les rênes a l'avantage de faire prédominer l'action des rênes de bride ou celle des rênes de filet, selon que c'est le médius qui est relâché ou le petit doigt.

Une autre manière de tenir les rênes est celle-ci : les rênes dans la main gauche, le doigt annulaire entre les deux rênes de bride, la rêne gauche de filet à pleine main dans la main gauche, et la rêne droite entre le médius et l'index, l'extrémité supérieure des rênes sortant du côté du pouce. On peut aussi tenir la rêne droite de filet dans la main droite avec le pouce et les trois premiers doigts, ou bien à pleine main.

Enfin il y a encore comme moyen de conduite celui qui consiste à se servir des rênes de bride seules, en laissant les rênes de filet pendantes sur l'encolure; mais nous ne recommanderons pas ce mode de tenue des rênes, parce qu'il donne des effets incorrects pour des raisons déjà exposées dans l'instruction du cavalier. Ce n'est qu'après quelques leçons que l'élève tiendra les rênes dans les deux mains; au début, elle se servira seulement de la main gauche.

Pour allonger ou raccourcir les rênes, de façon à les ajuster à la longueur voulue, il suffira de les saisir entre le pouce et le premier doigt de la main droite, en les laissant glisser dans la main gauche entr'ouverte pour sentir l'appui du mors de bride ou de filet.

Conduite sur les rênes de bride.

Marcher et arrêter. — Les chevaux destinés aux dames qui commencent leur instruction équestre doivent être particulièrement bien mis, doux et francs dans le mouvement en avant; il faut écarter avec beaucoup de soin les chevaux qui s'encapuchonnent ou qui portent au vent. Ce dernier défaut surtout est à craindre, à cause de la position élevée de la main de la femme.

Pour faire marcher son cheval, l'élève le rassemble d'abord ; pour cela, elle rapproche la main de bride du corps de façon à raccourcir un peu les rênes ; ensuite, tournant le poignet en dessous, de manière à éloigner le petit doigt du corps, elle détend les rênes par ce mouvement, et le cheval, pouvant allonger un peu son encolure, se porte en avant. Si ce moyen était insuffisant et que le cheval hésitât à se livrer, il faudrait fermer la jambe gauche et donner un petit coup de cravache sur l'épaule droite ou sur le flanc droit.

Pour arrêter, porter le buste légèrement en arrière en s'asseyant davantage et exercer une traction égale sur les quatre rênes en rapprochant du corps la main de bride.

Tourner à droite ou à gauche. — Le mouvement de tourner à droite s'exécute en portant la main de bride à droite, de façon à attirer la tête du cheval de ce côté, en opérant une légère traction sur la rêne droite et en appuyant la rêne gauche sur l'encolure ; pour cela, il faut que la main, tout en se portant à droite, s'incline de gauche à droite, les doigts en dessous, le petit doigt tourné vers la gauche. L'élève détermine ainsi son cheval sur un arc de cercle de deux pas de rayon et, le mouvement terminé, l'arrête ou le porte en avant.

Pour tourner à gauche, il faudra porter la main de bride de ce côté pour ouvrir la rêne gauche et appuyer la rêne droite sur l'encolure. La main sera renversée de la même manière que pour le tourner à droite, et le cheval sera déterminé sur un arc de cercle de même rayon.

Ces mouvements sont repris, l'élève conduisant son cheval à deux mains, après quelques séances de conduite avec la main gauche seule.

L'élève tient les rênes comme il a été dit, ou bien les rênes de bride dans la main gauche et les rênes de filet dans celle de droite.

De cette façon, le défaut de refuser l'épaule gauche sera combattu, les deux poignets maintenus à la même hauteur et en face l'un de l'autre ayant pour effet de maintenir les épaules sur la même ligne.

Première leçon. — Marcher au pas.

MARCHER AU PAS. — Comme nous l'avons vu dans la manière de marcher et arrêter, l'élève rassemble son cheval et le porte ensuite en avant à une allure bien égale ; elle fait ainsi plusieurs tours de manège à main droite. En arrivant aux coins, elle se conforme à ce qui a été dit pour tourner à droite, et s'applique à ce que le changement de direction ne produise aucun déplacement dans l'assiette. Le même exercice est recommencé à main gauche, dans les mêmes conditions.

Pour mettre l'élève en confiance, le cheval sera tenu dans les premiers temps par un aide, qui se bornera ensuite à le suivre pas à pas, prêt à contenir le cheval s'il le fallait.

Après quelques tours de manège aux deux mains, le cheval est arrêté en se conformant à ce qui a déjà été appris.

Volte et demi-volte. — La volte et la demi-volte sont exécutées de la même manière et d'après les mêmes principes que pour le cavalier, à main droite et ensuite à main gauche au pas.

Doubler. — Le doubler se fait de même qu'il a été dit déjà à l'instruction du cavalier, à main droite, ou à main gauche, au pas.

Changement de main. — Ce que nous venons de dire pour le doubler s'applique au changement de main au pas.

Reculer. — Le cheval étant sur la ligne du milieu ou sur la piste recule d'après les moyens suivants : élever les mains de façon à déterminer le cheval à se porter en arrière, et dès qu'il a obéi baisser la main. Continuer ainsi à élever les poignets et à rendre la main, afin d'obtenir que le reculer se fasse pas à pas, en empêchant le cheval de précipiter le mouvement ou de se traverser.

Si le cheval se portait trop vite en arrière, il faudrait

le calmer par l'effet de la jambe gauche et de la cravache appliquée sur le flanc, à droite, par légers coups. Afin de ne pas être surprise par l'impulsion produite, l'élève porte le corps un peu en arrière pendant cet exercice

Si le cheval hésite à reculer, il faut le porter en avant sur une longueur de deux ou trois pas, puis lui faire sentir l'action des mains.

Ce mouvement ne doit pas être prolongé plus de cinq à six pas.

Travail de deux pistes. — Lorsque l'élève est en confiance et que les mouvements précédents ont été exécutés correctement, on peut commencer le travail de deux pistes. Le cheval destiné à ces exercices devra être parfaitement dressé à ranger les hanches, sur une simple indication de la cravache ou du talon.

Épaule au mur et épaule en dedans. — Pour exécuter l'*épaule au mur* à main droite, étant sur le grand côté du manège, la femme placera son cheval obliquement à la piste dans la direction d'un demi à gauche (ou d'un quart de cercle à gauche), la tête du côté du mur du manège; puis elle pousse les hanches avec la jambe gauche en portant la main à droite; pour déplacer en même temps les épaules et la tête de ce côté. Par de fréquentes oppositions, elle soutiendra le mouvement du cheval.

Épaule en dedans.

En arrivant au coin qui précède le petit côté du manège, elle fera exécuter à son cheval un quart de pirouette à droite pour que, après avoir pivoté sur les hanches, il se trouve placé obliquement sur le petit côté du manège. Pour cela l'élève diminue l'action de la jambe gauche afin de fixer les hanches, et elle déplace les épaules en portant franchement la main à droite.

L'*épaule en dedans* s'exécutera d'après les mêmes principes, mais en plaçant le cheval obliquement à la piste, la tête en dedans du manège et les membres postérieurs restant sur la piste. Le degré d'obliquité est le même, par rapport à la piste. Le cheval ayant une tendance à se porter en avant, parce qu'il n'a plus le mur pour l'arrêter, sera maintenu davantage par la main. En arrivant au coin qui précède le petit côté, il faudra ralentir le mouvement des épaules en activant celui des hanches, qui ont un arc de cercle plus grand à parcourir que l'avant-main, pour se placer obliquement à la piste sur le petit côté.

Changement de main de deux pistes. — Le changement de main de deux pistes s'exécute sur l'une des diagonales du manège, le cheval placé dans une direction parallèle au grand côté, la tête légèrement infléchie du côté vers lequel il appuie.

Pour exécuter ce mouvement, l'élève déplacera les épaules en portant la main à droite, puis elle attirera les hanches en dehors du mur en portant la main à gauche; lorsque le cheval sera dans la direction voulue, elle replacera la main. Si le cheval n'obéissait pas, la jambe gauche viendrait l'engager dans le mouvement et le maintiendrait dans une direction oblique. En général, le cheval a une tendance à se porter en avant pendant cet exercice; il en sera empêché par le soutien de la main. S'il faisait des pas de côté exagérés, ce défaut serait corrigé par des oppositions de main fréquentes. En principe, la main doit se déplacer le moins possible.

Doubler de deux pistes. — Le doubler de deux pistes s'exécute d'après les règles indiquées pour le mouvement de la *tête au mur;* les pistes tracées par les membres du cheval doivent être perpendiculaires au mur du manège.

Volte et demi-volte de deux pistes. — La volte de deux pistes s'exécute en décrivant un cercle égal à celui de la volte ordinaire, la main restant sur le cercle pendant le mouvement, les hanches et les épaules décrivant deux courbes concentriques.

La demi-volte de deux pistes se compose de la moitié d'un cercle décrit comme il vient d'être dit, suivi d'un changement de main de deux pistes.

Du trot. — Quand tous les mouvements qui précèdent ont été exécutés correctement au pas, l'élève conservant une position régulière dans tous ses exercices, on passe à l'étude du trot. Cette nouvelle allure sera prise très raccourcie dans les premières leçons.

Pour prendre le trot, la femme augmentera le soutien de la main en pressant le cheval du talon et en lui faisant sentir la cravache sur l'épaule droite, plus vivement que pour obtenir l'allure du pas.

Dès que le cheval a pris le trot, sa vitesse sera réglée par l'action de la main sur la bouche.

Comme la femme supporterait avec peine les rudes réactions du trot assis et qu'elle en ressentirait une trop grande fatigue, le trot à l'anglaise a été préféré, et c'est celui qui est toujours employé maintenant. Pour arriver à sa bonne exécution, il conviendra de n'enlever que très peu l'assiette afin de ne pas retomber à faux sur le siège de la selle ; il faudra aussi avoir attention que le corps ne penche trop à gauche. La jambe doit rester adhérente à la selle et éviter tout balancement qui serait disgracieux, et de plus nuirait à la cadence du mouvement d'élévation et d'abaissement en le rendant pénible. La main sera fixée de manière à maintenir le cheval dans son allure et au degré de vitesse voulu.

Après s'être familiarisée avec l'allure du trot par plusieurs tours de manège, en observant la régularité de la position au passage des coins, l'élève reprend tous les mouvements exécutés jusqu'ici au pas et les répète graduellement au trot de manège.

Du galop. — Le galop est l'allure qui fatigue le moins la femme, à cause de sa cadence facile à suivre et qui lui permet de se lier aux mouvements du cheval.

Le galop à droite est le plus employé par les dames parce qu'il ne cause pas les déplacements d'assiette et les secousses imprimées par le galop sur le pied gauche; mais il faudra cependant qu'elles s'habituent au galop à gauche, en faisant faire à leur cheval des départs assez fréquents de ce côté, faute de quoi l'usure prématurée en serait la conséquence.

L'élève marchant à main droite sur le grand côté du manège, pour faire partir le cheval au galop sur le pied droit, porter les mains en arrière et à gauche, de façon à décharger l'épaule droite, et faire sentir l'action du talon en l'appuyant contre le cheval pour déplacer légèrement ses hanches vers la droite; imprimer en même temps un petit coup de cravache sur l'épaule droite.

Du galop.

Lorsque le cheval s'est échappé au galop et qu'il a fait quelques foulées à cette allure, il faudra baisser la main pour permettre l'allongement de l'encolure et obtenir une allure calme et cadencée.

Tous les mouvements exécutés jusqu'à présent sont repris et répétés au galop, à main droite et à main gauche.

Changements de pied. — Le cheval destiné à exécuter des changements de pied, monté par une dame, doit avoir beaucoup de calme et de douceur et obéir à des indications très légères. Mais il faut aussi que la femme agisse avec beaucoup de finesse de main et de justesse, pour bien saisir le moment propice où l'action de la cravache ou du talon doit se faire sentir.

Pour étudier le changement de pied il faudra le décomposer, c'est-à-dire le diviser en deux parties;

par exemple : séparer d'abord le galop à droite du galop à gauche par deux ou trois foulées au pas ou par un arrêt très court après lequel le nouveau départ est exécuté sur l'autre pied. Cette manière de changer de pied ne souffre aucune difficulté ; peu à peu l'élève diminue la durée du temps d'arrêt ou celle des foulées de pas et arrive insensiblement à les faire disparaître. On passe alors au changement de pied en l'air, qui exige une précision beaucoup plus grande et par conséquent un tact éprouvé.

Changement de pied.

Le mécanisme du changement de pied s'opère ainsi : le cheval galopant à droite arrête le bipède diagonal qui était en avant de l'autre pour lui substituer le bipède diagonal gauche et répartir le poids qui portait sur les membres du côté gauche sur ceux de droite.

Pour obtenir le changement de pied, le cheval galopant à droite, l'élève portera le poignet un peu en arrière et à droite, ce qui tendra la rêne droite, en appuyant la rêne gauche sur l'encolure. Il en résultera que le poids des épaules sera porté à droite en déchargeant le côté gauche et qu'en même temps la traction de la rêne droite viendra arrêter l'épaule et la hanche du même côté.

Un mouvement insensible de l'assiette et du buste fera refluer le poids à droite de l'élève, qui contient la hanche droite par la cravache. Le côté droit du cheval se trouvant à la fois chargé et retenu, le bipède latéral gauche se portera naturellement en avant. Le changement de pied sera obtenu.

Obstacles. — Les sauts d'obstacles complètent l'instruction équestre de la femme en éprouvant sa solidité et sa hardiesse. Elle peut aborder des obstacles en hauteur ou en largeur, qui comprennent la haie ou la barre fixe, et le fossé ou la douve.

Saut d'obstacles.

Pour sauter, elle devra s'asseoir en portant le haut du corps un peu en arrière et conserver cette position avant, pendant et après le saut. Le galop ordinaire sera pris à quelques mètres de l'obstacle en hauteur, le cheval conduit sur le filet, dont l'action domine celle de la bride, sans qu'elle soit abandonnée, et dirigé droit sur le milieu de la barrière ou de la haie. Au moment où le cheval s'enlève, l'élève baisse les poignets pour rendre un peu la main, et ne reprend son cheval qu'après le saut.

Si le cheval bourre sur l'obstacle, la femme le retiendra pour le mettre à un galop plus ralenti; mais elle stimule de l'éperon et de la cravache celui qui l'aborde mollement.

Dans le cas où le cheval chercherait à se dérober, elle le remettrait dans la direction en usant des mêmes moyens que nous avons indiqués pour le cavalier.

Saut d'obstacles.

Les fossés et les douves seront abordés au galop allongé, le cheval n'ayant pas à s'enlever, mais devant les franchir dans une foulée de galop. Les moyens de conduite et de tenue sont les mêmes que pour les obstacles en hauteur.

Les chevaux, montés par les dames aux obstacles, devront réunir les qualités de la franchise et de l'adresse, résultats d'un dressage complet.

PROMENADES A L'EXTÉRIEUR. — Lorsque tous les exercices que nous venons d'étudier ont été exécutés convenablement, et que l'élève, bien confirmée dans l'emploi des aides, a acquis une position correcte et exempte de toute raideur, on peut commencer à faire des promenades en dehors du manège.

Dans ces exercices à l'extérieur, la femme sera toujours suivie d'un groom ou accompagnée d'un cavalier expérimenté, qui sera toujours prêt à lui donner aide et à la secourir en cas d'accident. Ce cavalier marchera à sa hauteur, de préférence à sa droite, de façon à ne pas gêner l'action de ses jambes.

Promenades à l'extérieur.

Les règles générales, en usage pour les promenades à l'extérieur énoncées dans l'instruction du cavalier, sont applicables en ce qui concerne les dames. La durée seule des sorties sera réduite et on évitera les terrains trop accidentés, pour ne pas causer une trop grande fatigue à l'élève.

Défenses du cheval. — Les défenses auxquelles peuvent se livrer les chevaux montés par les dames devront être réprimées aussitôt, afin de les faire cesser.

Mais il importe beaucoup de se rendre compte des causes qui font naître ces désordres, avant de chercher à les corriger. Ainsi, quand un cheval s'arrête et hésite à se porter en avant, il y aura lieu de regarder quelle cause a pu le déterminer à agir ainsi, si c'est par peur d'un objet qui se présente à sa vue. Dans ce cas il faudra le ramener, avec douceur, sur l'objet de ses craintes, et le lui faire voir de près, en le caressant. La défense cessera dès que l'animal se sera rendu compte de la nature de ce qui l'effrayait. Toute correction sera à éviter à ce moment. Mais, si le cheval s'arrête, ou hésite à se porter en avant par rétivité, il ne faudra pas entreprendre avec lui une lutte qui peut être dangereuse, le plus souvent, pour l'élève ; le meilleur parti à prendre sera de faire reprendre son dressage. Si le cheval fait un écart, on le ramènera par une opposition de rênes. Lorsqu'il pointe, ou qu'il recule, l'élève relâche les rênes de bride et, prenant son cheval sur le filet, elle s'efforce de le porter en avant en le

Cheval qui s'encapuchonne.

pressant énergiquement du talon et par un coup de cravache sur le flanc.

Si le cheval gagne à la main et s'emporte, le meilleur moyen pour le calmer sera de scier du bridon en baissant les poignets et en portant le corps en arrière le plus possible, ou bien de lui *tordre la tête* en tirant sur les rênes d'un seul côté.

Défenses du cheval.

Steeple-chases. Gentlemen et officiers.

CHAPITRE XVII

LES COURSES

Historique des courses. — L'origine des courses de chevaux doit remonter à l'antiquité la plus reculée; car il paraît certain que l'homme, aussitôt qu'il a eu conquis le cheval, a dû naturellement penser à le faire lutter de vitesse avec ses pareils.

En Grèce, à Rome et à Byzance, les luttes de l'hippodrome ont brillé du plus vif éclat. Mais, dans ces luttes, le cheval n'est qu'au second plan; c'est surtout la vigueur, l'adresse et l'audace de l'homme qui sont mises en relief. Ce n'est que dans les temps modernes que les courses ayant en vue le cheval spécialement prennent naissance. On ne connaît pas exactement l'époque où elles commencèrent, mais on a lieu de croire que ce fut avant le règne de Henri II, en Angleterre. Un contemporain de ce prince, William-Fitz-Stephen, nous apprend qu'à Londres on faisait lutter de vitesse les chevaux amenés au marché, afin de montrer leurs qualités. Plus tard on choisit les landes d'Epsom, à quelques lieues de Londres, comme théâtre de ces courses.

Les premières courses en Angleterre.

Sous les règnes d'Édouard III et d'Édouard IV (1327 à 1483) et de Henri VIII (1509 à 1547), la production chevaline fut activement poussée ; ces rois possédèrent des coureurs fameux dans leurs écuries. Jusque-là les courses avaient lieu à travers champs, et souvent sur des terrains fort accidentés ; les inconvénients propres à cette façon de courir amenèrent l'idée de rechercher des terrains plats et recouverts de gazon. Depuis cette époque le mot anglais *turf*, gazon, est devenu le nom générique des champs de courses, et ce nom a subsisté.

Les premiers hippodromes ont été créés sous le

règne de Jacques II (1), à Newmarket, Croydon et Enfield. Ce roi tenta même de réglementer les courses. C'est vers cette époque que l'art de l'entraînement prend naissance.

Charles Ier et Charles II donnent une grande impulsion aux courses. Le dernier de ces deux princes fit courir des chevaux sous son propre nom.

En 1680, un prix de 100 livres sterling est fondé et en 1711 la reine Anne en donne un de 150 livres. Les paris aux courses datent de la même époque.

Vers 1720, George Ier institue de nouveaux et nombreux prix en argent. C'est ce prince qui, le premier, préconisa la reproduction chevaline par le pur sang arabe; l'étalon Godolphin-Arabian, qui a produit une race admirable de coureurs anglais, paraît à cette époque. Éclipse, dont le nom est illustre dans les annales du turf, est un de ses descendants, et naît vers 1760, sous le règne de George II. Ce cheval merveilleux fait gagner à son propriétaire, en moins de dix-sept mois, la somme, énorme pour l'époque, de 625000 francs.

Les courses se généralisent à partir de cette période dans toute l'Angleterre. Les plus célèbres sont celles de Newmarket, Ascot, Epsom, Liverpool, York, Doncaster. Ensuite elles passent dans les différentes parties de l'Europe; nous ne nous occuperons que de celles de France. C'est en 1754 qu'a lieu la première course en notre pays; lord Pascool, riche amateur de sports hippiques, en fut, dit-on, le promoteur. C'est

(1) 1602-1625.

lui qui, à la suite d'un pari, parcourut en deux heures deux minutes les 61 kilomètres qui séparent Paris de Fontainebleau. Deux ans plus tard, on voyait prendre part à des courses, dans la plaine des Sablons, à Fontainebleau et à Vincennes, les chevaux de plusieurs personnages de la cour. Pendant la Révolution, il n'est plus question de courses, mais elles reparaissent sous le premier Empire, sans beaucoup d'éclat. C'est après la Restauration que les courses entrent réellement dans la voie du progrès. Plusieurs hippodromes sont créés et des prix sont fondés, soit par le gouvernement, soit par des sociétés hippiques. La monarchie de Juillet continue l'œuvre des Bourbons de la branche aînée et, en 1833, « la Société d'encouragement pour l'amélioration de la race chevaline en France » est formée par un groupe d'hommes de cheval jeunes, riches et influents.

Cette Société se donne pour programme de régénérer les races communes par l'étalon de pur sang, éprouvé dans les courses. A l'imitation d'une Société anglaise établie à Newmarket au siècle dernier et appelée *Jockey-Club*, elle prend ce nom, sous lequel elle est plus généralement connue.

Une ordonnance royale du 3 mars 1833 instituait le *stud-book français*, ou livre des haras, destiné à recevoir l'inscription de la naissance des chevaux de pur sang, à constater leur généalogie et à recueillir l'inscription de leurs *performances*.

Depuis, les courses ont pris un grand développement, et surtout de nos jours, où elles occupent une place notable dans la vie élégante, par les nombreux hippodromes existant autour de Paris et en province. Les plus importants sont ceux de Longchamp, Auteuil, la Marche, Saint-Ouen, Vincennes, Maisons-Laffitte, etc., autour de la capitale, et en province ceux de Chantilly, Trouville, Deauville, Caen, Lille, Nancy, Lyon, Marseille, Bordeaux, Toulouse, Nantes, Nice, etc.

L'hippodrome de Longchamp, qui a une superficie de soixante-six hectares, est le plus beau et le mieux aménagé de toute la France, et il est digne en tout point de Paris. Le nombre et l'importance de ses prix

Première course au clocher
à la Croix-de-Berny.

y attirent tous les ans une grande affluence de concurrents.

C'est à Longchamp que le « Grand-Prix de Paris » est couru chaque année, au mois de juin, et depuis sa fondation, en 1863, des chevaux français y ont été maintes fois vainqueurs.

Jadis nous étions tributaires de l'Angleterre pour l'importation du pur sang; aujourd'hui nous possédons, en France, une race de chevaux de pur sang, qui a été créée et améliorée et qui rivalise avec celle de nos voisins. Parmi les sportsmen distingués auxquels nous sommes redevables des progrès de l'élevage national, nous citerons le comte de Lagrange, le duc de Guiche, le baron Finot, MM. Achille Delamare, Aumont, Lupin, Fould.

Divers genres de courses. — Il y a trois sortes de courses : les *courses plates*, les *courses de haies* et les *steeple-chases*, autrefois courses au clocher.

Les courses plates ont lieu sur des terrains unis ou à peu près, et leur objet est de comparer la vitesse des concurrents; c'est pour les chevaux de pur sang qu'elles sont généralement réservées.

Les courses de haies sont faites sur le même terrain que les courses plates, où l'on établit un certain nombre d'obstacles composés de haies mobiles ou claies que les concurrents doivent sauter. Elles sont courues par les trois quarts de sang ou les demi-sang.

Les steeple-chases ont lieu sur des hippodromes spécialement aménagés et comportent le saut de divers obstacles tels que murs, haies, banquettes, rivières, etc.; ces courses sont menées à un train beaucoup moins rapide que les courses plates ou de haies. La difficulté des obstacles occasionne de fréquentes chutes.

Les courses au clocher étaient encore plus dangereuses et consistaient à prendre comme direction un clocher visible dans le lointain de la campagne et à se diriger vers ce but en franchissant ou passant tous les obstacles, naturels ou autres, qui pouvaient se présenter. On conçoit aisément quels résultats elles pouvaient donner, aussi bien pour les chevaux que pour les cavaliers. La première course au clocher eut lieu à la Croix-de-Berny en 1832. Ces courses sont à peu près abandonnées aujourd'hui.

Courses au trot.

En dehors des trois grandes catégories de courses, il y a encore les courses *de fond* et les courses *au trot*. Les courses *de fond* sont faites sur un terrain plat et comportent un parcours plus ou moins long, mettant en relief la résistance des concurrents à la fatigue.

Quant aux courses *au trot*, leur nom suffit pour indiquer leur nature; elles ont lieu au trot *monté* ou au trot *attelé*.

Règlements des courses.— Les chevaux admis à courir doivent remplir certaines conditions d'âge, d'origine, qui sont déterminées par des règlements. Celui qui présente les conditions requises est dit *qualifié;* dans le cas contraire, il est *disqualifié* et perd tous ses droits à la course. Quelquefois on s'écarte des règles établies, au moins en ce qui concerne l'âge; ainsi, par exemple, pour le *handicap*, qui est une sorte de course de fond à laquelle tous les chevaux sont admis à prendre part, sous la condition d'être chargés d'un certain poids, fixé par les commissaires et variant suivant les qualités que l'on suppose au cheval ou les prix qu'il a gagnés. Cette espèce de course a été instituée pour donner, même aux chevaux médiocres, la possibilité d'être vainqueurs. A cet effet, elle égalise les chances en chargeant d'autant plus les concurrents qu'ils sont plus connus pour leur vitesse.

Les engagements se font par écrit, et à époque fixe, dans des termes fixés par les règlements. Le propriétaire paye à ce moment, pour avoir le droit de faire courir, l'*entrée* ou le *forfait*. L'entrée est une somme d'argent fixée par le programme; elle est de 100, 150, 200..... et jusqu'à 1000 francs. Le forfait, somme inférieure à l'entrée, est payé lorsque le propriétaire du cheval veut le retirer de la course et annuler son engagement.

Un poids réglementaire a été fixé, permettant d'admettre dans la même course des chevaux de trois, quatre et cinq ans, afin d'égaliser les chances. Ainsi, aux courses d'avril et de mai, les chevaux de trois ans portent cinquante et un kilogrammes : ceux de quatre ans, soixante-deux kilogrammes; ceux de cinq ans, soixante-cinq kilogrammes.

A partir de six ans, ils portent soixante-six kilogrammes cinq cents.

En juin, les poids augmentent pour les poulains de trois ans et diminuent pour les vieux chevaux. Les poulains de trois ans portent alors cinquante-deux kilogrammes; ceux de quatre ans sont maintenus à soixante-deux kilogrammes; ceux de cinq ans à soixante-quatre kilogrammes cinq cents; ceux de six ans et au-dessus à soixante-six kilogrammes. En juillet, les poids continuent à augmenter dans les mêmes proportions.

Quand les distances augmentent, on observe les mêmes règles : les jeunes chevaux sont déchargés en raison directe de la distance, tandis que les vieux reçoivent une légère augmentation de poids, afin de rendre les chances plus égales.

Pour les chevaux de même âge courant sur des distances de trois mille à trois mille cinq cents mètres, les poids sont les suivants : pendant les mois d'avril et de mai, les chevaux de trois ans portent cinquante et un kilogrammes et demi; ceux de quatre ans, soixante-deux kilogrammes; ceux de cinq ans, soixante-cinq kilogrammes et demi ; ceux de six ans et au-dessus, soixante-sept kilogrammes.

Dans les courses appelées *handicaps* cette règle cesse d'être applicable, puisqu'on favorise le cheval ayant le moins de chances de gagner le prix au détriment de celui qui est coté comme le meilleur. Pour cela on se base sur son *pedigree* (généalogie) et sur ses *performances* (succès qu'il a remportés dans les courses). Comme conséquence, tous les chevaux devraient théoriquement arriver ensemble, nez à nez, au poteau; dans la pratique cela ne se produit pas, parce que le handicapeur n'est pas infaillible, et que de plus les chevaux ne sont pas toujours *en forme* et ne sont pas toujours bien menés par les jockeys.

Le jockey doit peser cinquante kilogrammes en moyenne, et dans ces conditions il peut monter dans le plus grand nombre de courses sans être obligé de prendre des médecines ou des suées pour se maintenir à ce poids. Lorsqu'il monte à quarante-cinq kilogrammes, le jockey est dit *poids léger*. Mais le programme fixe un poids qui doit être atteint; quand le jockey ne l'a pas, on le parfait au moyen de feuilles de plomb, que l'on place dans les poches du tapis de selle, ou bien à l'aide de plomb de chasse contenu dans une ceinture portée par le jockey. Ces surcharges constituent le *poids mort*.

Le poids fixé pour chaque cheval au programme est officiellement constaté au pesage auquel le jockey est soumis. Il va se faire peser accompagné de l'entraîneur et même du propriétaire; il est porteur de la selle, du tapis et des accessoires. Il n'y a que les fers et la cravache qui ne sont pas pesés. Après la course le jockey est pesé de nouveau, afin de voir s'il pèse le même poids qu'au départ; une tolérance d'un kilogramme au moins est admise. Le jockey doit rentrer au pesage à cheval et ne mettre pied à terre qu'*auprès* de la balance, faute de quoi le cheval est disqualifié; il en est de même si le cheval n'a pas porté le poids fixé.

Le pesage.

Le code des courses rédigé en 1867 par la Société d'encouragement est universellement adopté aujourd'hui en France; il renferme toutes les questions et solutions se rapportant aux courses et se compose de soixante-seize articles.

Le cheval de pur sang. — Le cheval de pur sang est celui dont la généalogie est inscrite au stud-book anglais ou au stud-book français, ou qui est issu d'ancêtres de pur sang créés par l'élevage anglais.

Le pur-sang anglais descend de juments barbes et d'étalons arabes introduits en Angleterre au dix-septième siècle. D'après la tradition, la race pure d'Orient remonte au temps du roi Salomon. Ces races ont une supériorité de conformation, de vitesse et de fond, qui est incontestée. Les Arabes, en tenant soigneusement compte de la généalogie de leurs chevaux, avaient créé une race admirable, qu'ils soumettaient à une hygiène rationnelle et à des épreuves concluantes. Les alliances n'avaient lieu qu'entre sujets d'élite. Les Anglais ont procédé de la même manière.

On distingue en Angleterre trois grandes familles de pur sang, dont les créateurs furent les étalons Byerly-Turk, Darley-Arabian et Godolphin-Arabian. Le premier produisit la branche des Herod ; la seconde celle des Eclipse et le troisième celle des Matchem. Mais, par suite des nombreuses alliances contractées, ces trois branches sont aujourd'hui complètement confondues ; elles ont été la souche de tous les chevaux de pur sang, non seulement anglais, mais des autres pays.

Les caractères qui distinguent le cheval de pur sang sont bien tranchés et se retrouvent dans tous les membres de cette famille, quel que soit le pays où il ait été élevé. Longtemps l'Angleterre avait eu les plus beaux de l'Europe, mais aujourd'hui notre race de pur sang est aussi remarquable par ses qualités.

Comme extérieur, le cheval de pur sang se présente avec des formes empreintes de noblesse et de distinction ; il a la peau mince et recouverte de poils fins et soyeux ; la queue, ainsi que la crinière, est peu abondante et composée de crins légers et souples ; les yeux sont grands, vifs et à fleur de tête. Il a la tête petite, carrée et très expressive. L'encolure est toujours longue, droite et peu chargée, quoique suffisamment musclée. Le garrot est sec et bien sorti ; la poitrine large et profonde. Le rein est bien attaché et la croupe horizontale. L'ensemble du système musculaire présente une dureté révélant son endurance à la fatigue. Les membres sont remarquables par la longueur des rayons supérieurs et la brièveté des canons, conditions très favorables à la rapidité des allures. De plus, les membres, secs, ont des tendons bien détachés. Les pieds sont bien conformés et d'une bonne corne. Sa taille varie de 1m,52 à 1m,58.

Cheval pur sang.

Le plus souvent l'arrière-main est plus élevé et plus puissant que le devant, conformation favorable à la vitesse du galop.

Comme robe, le cheval de pur sang est presque toujours bai, bai-brun ou alezan; le gris et le noir sont assez rares. De tous ses pareils ce cheval est le plus rapide à la course; il n'est pas rare de le voir parcourir un kilomètre en une minute cinq ou six secondes.

Quant aux allures, si elles sont rapides, elles manquent de brillant et les réactions en sont dures.

Le cheval de pur sang a besoin d'être l'objet de soins assidus; aussi son élevage et son entretien sont-ils difficiles et dispendieux. Il lui faut une nourriture abondante et de premier choix, des pansages minutieux et des écuries confortables et chaudes.

En dépit de cette délicatesse, les qualités éminentes qu'il possède en font, outre un excellent cheval de course, un très bon cheval de chasse ou d'armes.

Le cheval pur sang comme cheval d'armes.

Pour la reproduction les vainqueurs des courses sont seuls employés.

De l'entraînement. — Une préparation spéciale est indispensable pour mettre le cheval de course en état de fournir les efforts considérables qu'on attend de lui. Les soins et les travaux auxquels est astreint le futur coureur ont reçu le nom d'*entraînement*. Le cheval qui a été soumis à ce régime avec succès est dit *entraîné*, et celui qui est chargé de sa direction est l'*entraîneur*.

L'entraînement a pour but de débarrasser le cheval des graisses qui le gênent ou qui sont superflues, et de raffermir et développer ses muscles : en un mot, de le mettre *en forme* ou *en condition*, de façon qu'il puisse se présenter sur un hippodrome avec des qualités extraordinaires de vitesse et de fond.

L'entraînement est aujourd'hui une véritable science ayant ses principes et ses règles.

De l'entraînement.

On emploie, pour arriver au but, plusieurs moyens, qui sont : l'exercice, le pansage, la purgation et les suées.

Il faut d'abord choisir un sol convenablement approprié aux exercices. Ce sol consistera en un terrain uni et doux tel qu'une prairie ou une longue allée un peu sablonneuse.

On examine ensuite le cheval avec soin afin de le mettre à un régime convenant à sa force et à son état général, en tenant compte de ses ascendants et des qualités qui leur étaient propres.

Comme nous l'avons dit déjà, on se propose à la fois de faire disparaître les graisses inutiles, de durcir les jambes et les muscles et de développer le souffle et la vitesse. L'entraînement commence habituellement avant l'âge de trois ans; il dure six mois, divisés en plusieurs périodes.

Pendant la première période, on s'attache à développer les muscles par un exercice journalier et progressif, consistant en promenades au pas, de deux à trois heures, et en une nourriture de premier choix qui, sous un petit volume, contient des principes très alibiles. L'avoine convient spécialement, avec le foin. Des massages énergiques, appelant le sang à la peau, complètent le pansage.

Ces promenades au pas ont aussi pour but de donner au cheval un pas rapide et allongé. A la rentrée, les tendons sont soumis aussi au massage, afin de les durcir, ainsi que les boulets. L'exercice fera disparaître les graisses inutiles, et quelques purgations débarrasseront l'intestin en augmentant l'appétit.

Au bout de quinze jours ou trois semaines seulement, la première suée sera administrée. A cet effet, le cheval, revêtu de deux couvertures, est conduit sur le terrain d'entraînement et on lui fait parcourir au pas trois kilomètres environ, puis on le met au galop. Le cheval parcourt six kilomètres, les deux derniers en allongeant l'allure; ramené ensuite à l'écurie, il est l'objet de soins minutieux.

Les suées sont données une fois par semaine. La sueur, d'abord abondante et mousseuse, ce qui indique la présence de matières graisseuses, devient claire et moins abondante lorsque la surcharge de graisse a disparu, résultat qui arrive au bout de deux mois environ. C'est la deuxième période qui commence; on augmente la nourriture en avoine, et les suées ne sont plus données que tous les dix jours. L'entraînement commence à être édifié sur les qualités de résistance du cheval, et il est temps de commencer à lui donner *des galops* qui seront dirigés suivant son état. Ces galops ont pour but de donner au cheval de l'haleine et de la vitesse, en augmentant ses qualités de résistance et sa force musculaire. Peu à peu on augmente leur durée, et on les termine par des poussées à fond de train. On se sert, pour diriger les galops, d'un cheval sage et éprouvé sur les hippodromes, qu'on appelle *leader*, destiné à régler l'allure au degré de vitesse voulu, pendant que les jeunes chevaux le suivent en file à une ou deux longueurs de distance. On termine ces galops en laissant les chevaux de la queue arriver à la hauteur du leader et même le dépasser.

Ces exercices complètent l'œuvre du dégraissement du cheval. On arrive ainsi à amener le cheval à fournir la course à laquelle il est destiné. On l'habitue à s'étendre pour embrasser le plus de terrain possible, à chaque foulée de galop. Mais il y a un écueil à craindre, c'est le surmenage. Le travail doit être dirigé et approprié suivant l'état du cheval ; l'exercice et les repos doivent être sagement alternés, et une hygiène sévère est nécessaire. Il faut donc beaucoup de savoir pratique, du tact et de l'observation pour mener à bien l'entraînement ; le cheval doit être maintenu dans ses moyens et jamais en dehors. C'est là que se reconnaissent les qualités de l'entraîneur.

L'épreuve.

Enfin nous arrivons à la dernière période : le cheval est dans les conditions les meilleures pour donner la mesure de sa qualité : il est *en forme*. C'est le moment de le soumettre à l'*épreuve*. Cette opération consiste à le faire courir avec un cheval ayant récemment paru sur un hippodrome et qui est encore *en condition*. Après la course, on compare son état à celui de son concurrent et, d'après la façon dont s'est comporté le néophyte, on peut porter un jugement en connaissance de cause.

Si le cheval avait des tendances à l'engraissement, on lui ferait donner une dernière suée cinq ou six jours avant la course.

Quant aux galops, ils sont continués jusqu'à la veille du grand jour. La ration d'avoine est forcée pendant la dernière semaine, où l'on peut la porter jusqu'à dix kilogrammes. On donne aussi des fèves, du foin, mais la paille est supprimée.

Avant la course.

Le cheval est alors dans un état de préparation complet : il a atteint le plus haut degré de sa forme ; sa chair est dense, sa respiration puissante, ses membres frais : il est prêt à la lutte.

Avant le départ, l'entraîneur, le jockey et le propriétaire ont un conciliabule privé sur la façon de conduire la course.

La course. — Le jockey monte à cheval et se dirige sur la piste : souvent le cheval est tenu par les rênes par l'entraîneur jusqu'au poteau du départ.

Les chevaux sont placés sur un rang d'après un numéro tiré au sort. La meilleure place est celle qui est le plus rapprochée de la corde, le cercle à parcourir étant moins grand ; cela s'appelle *avoir la corde*. Aussi pendant la course est-il très important de conserver la corde ou de la prendre, si l'on peut le faire.

Le *starter* (ou juge du départ) fait l'appel des jockeys, les place plus ou moins en arrière du point de départ, sur un rang, et les dirige au pas sur le poteau. Lorsque le moment est venu, le starter, placé en avant des chevaux et muni d'un drapeau, donne le signal en l'abaissant. Ce signal est répété par l'*assistant*, por-

Le starter.

teur d'un autre drapeau et placé à cent mètres du poteau.

Si tous les chevaux partent ensemble, le départ est *bon ;* si au contraire ils partent successivement, le départ est *mauvais*. Il peut arriver aussi que les chevaux partent avant le signal du starter : il y a alors *faux départ*, et dans ce cas l'assistant prévient les jockeys en tenant son drapeau levé.

Faux départ.

Une fois partis, le jockey, s'il a la corde, cherche à la conserver; s'il ne l'a pas, il cherche à sortir du peloton et, lorsqu'il en est sorti, à garder sa place, sans trop pousser son cheval au départ, afin de réserver ses forces pour la fin de la course.

Il est interdit, pendant la course, de couper, croiser ou pousser un autre cheval sous peine d'être distancé; il est également interdit de quitter la piste.

Le dernier tournant.

Quelquefois le jockey *fait le jeu*, c'est-à-dire qu'il prend la tête et *mène la course*, en se mettant dès le départ dans toute l'extension de son train; mais alors il gagne rarement, parce qu'il s'épuise dès le commencement.

Le plus souvent c'est un moyen employé

Une belle arrivée.

par un propriétaire qui a deux chevaux engagés dans la même course; l'un est sacrifié pour faire gagner l'autre. Le cheval qu'on veut sacrifier part à toute allure, prend la corde, et, s'il peut la conserver, la cède au moment voulu à son camarade d'écurie.

Il y a aussi la *course d'attente*, dans laquelle le jockey reste soit en arrière du peloton, soit au milieu, réservant les forces de son cheval pour le dernier moment.

On voit des jockeys se faire battre volontairement pour gagner des paris faits contre leur cheval; cette fraude, quand elle peut être constatée, est frappée de pénalités spéciales.

Le succès de la course dépend de la manière dont elle a été conduite, de la qualité des concurrents, des incidents survenus pendant l'épreuve ou des accidents, et enfin — et surtout — de l'arrivée. Parvenus au dernier tournant, les chevaux entrent dans la ligne droite et allongent leur allure. Ce n'est qu'à 100 ou 150 mètres du poteau d'arrivée que les chevaux qui ont pu suivre le train donnent leur dernier effort. A ce moment ils sont lancés au maximum de la vitesse et, si le cheval n'est pas épuisé, le succès dépend de l'énergie du jockey.

Après la course.

En face du poteau d'arrivée se trouve une tribune dans laquelle est le *juge à l'arrivée*, qui désigne le gagnant et le second et le troisième, s'il y a lieu, qui sont dits *placés*. S'il y a doute, le juge déclare *dead-heat* (épreuve nulle). Dans ce cas les chevaux placés *ex æquo* courent une deuxième fois, ou bien les propriétaires reçoivent une part égale de la somme destinée au premier et au second.

Quand tous les chevaux arrivent en peloton, qu'il n'en est pas resté en arrière, on dit que c'est une *belle arrivée*. S'ils arrivent à l'éperon et à la cravache, l'*arrivée* est *sévère*.

Après la rentrée au pesage, le cheval est dessellé, bouchonné et épongé; on le sèche à l'aide du couteau de chaleur et de l'époussette, puis on le couvre et le promène au pas, après lui avoir fait boire quelques gorgées d'eau.

Première suée à l'entraînement.

Dressage à la longe sur les obstacles.

CHAPITRE XVIII

DRESSAGE DU CHEVAL DE SELLE

Le dressage du cheval exige une grande habitude et une patience à toute épreuve pour obtenir de bons résultats. On ne saurait donc entreprendre une pareille tâche si l'on n'a déjà reçu une instruction équestre complète et si l'on n'a vécu longtemps au milieu des chevaux.

Le dressage du jeune cheval, pour la selle, suivra une progression analogue à celle de l'éducation du cavalier. On se propose de donner ici les principales règles, les grandes lignes de cette méthode, sans entrer dans de trop grands développements.

La pratique et l'à-propos dans bien des cas devront

suppléer à des explications dont la longueur pourrait nuire à la clarté.

L'âge auquel le cheval est soumis au dressage dépend de la race et de l'alimentation qu'il a reçue depuis sa naissance. Le cheval de pur sang, que l'on destine aux courses, est dressé à l'âge de dix-huit mois ou deux ans, en raison de son tempérament nervoso-sanguin et de la nourriture qu'il reçoit; ces conditions le rendent apte à supporter les fatigues. Il n'en est pas de même des autres chevaux, alors même qu'ils appartiennent aux bonnes races que produit la France; il convient avec ces sujets d'attendre un temps plus long et de n'entreprendre leur éducation que vers l'âge de cinq ans; ils seront alors dans de bonnes conditions pour la supporter facilement et avec fruit.

Nous diviserons les leçons à donner au cheval en deux séries principales : 1° travail en bridon; 2° travail en bride.

TRAVAIL EN BRIDON

Seller le cheval. — Le cheval est conduit au manège au moyen d'un bridon placé comme il a été dit déjà à l'instruction du cavalier. Nous nous proposons de l'habituer à la selle, qu'il n'a jamais portée jusqu'ici : il a été seulement monté avec une couverture assujettie à l'aide d'un surfaix. Après avoir relevé tous les accessoires de la selle, étriers, sangles, on met la selle, avec précaution, sur le dos du cheval, et on l'enlève ensuite; on recommence plusieurs fois cette opération; après quoi on le sangle, modérément d'abord, puis un peu plus fort, et, si le cheval manifeste de la crainte, on use de grande douceur jusqu'à ce qu'il soit calmé. En peu de temps il s'habitue à cette opération.

Nous avons déjà vu comment on bride un cheval. Pour le plier à cette habitude, il faut apporter, surtout au début, la plus grande douceur à l'opération. On passe ensuite à la leçon du montoir.

Leçon du montoir. — La docilité du cheval au montoir est une des qualités les plus importantes à rechercher; il paraît inutile d'insister sur les raisons qui la rendent nécessaire. Tous les soins du cavalier seront donnés à cette partie du dressage. Il s'approche du cheval en l'abordant par la tête, qu'il caresse ainsi que l'encolure. Prenant ensuite la rêne gauche du bridon avec la main gauche, il s'approche de l'épaule, toujours en caressant de la main droite. Quelquefois le cheval manifeste de la crainte et recule; il sera alors ramené en avant, sans brusquerie, et calmé de la voix. Le plus souvent, le cheval est tranquille : le cavalier se place alors à hauteur de la selle et caresse la croupe, puis il laisse tomber plusieurs fois la main sur la selle. Prenant ensuite l'étrivière gauche, il la soulève et la laisse retomber par le poids de l'étrier, et renouvelle l'opération jusqu'à ce que le cheval ne montre plus de crainte. Caresser ensuite.

Le cavalier introduit alors le pied gauche dans l'étrier, en se servant au besoin de la main, saisit une poignée de crins sur l'encolure, près du garrot, et pèse d'abord sur l'étrier sans s'enlever. Il recommence plusieurs fois, suivant le calme ou l'inquiétude du cheval, en entrecoupant chaque mouvement de caresses. Enfin le cavalier enfourche le cheval, en évitant d'appuyer le pied gauche contre l'avant-bras ; il arrive franchement en selle, mais avec légèreté, et il caresse sur l'encolure. Il met ensuite pied à terre, se place à la tête du cheval, le flatte, et recommence la leçon.

Un aide sera toujours utile pour tenir le cheval, pendant que le cavalier l'instruit. Lorsque le cheval paraît plus docile au montoir, et c'est presque toujours le cas après quelques répétitions si le calme et la douceur sont employés, on lui apprend à marcher droit devant lui.

Marcher droit sur un point déterminé.

Marcher droit sur un point déterminé. — Le cheval sera conduit par un aide qui tient les rênes près de la bouche, afin de l'acheminer sur un point, en marchant droit, tout en étant monté par son instructeur, et pour éviter qu'il ne soit surpris par la pression de la sangle ou le poids du cavalier. Si le cheval est calme, l'aide ne l'accompagnera que quelques pas et abandonnera les rênes; s'il se tracasse au contraire, il faudra insister sur l'opération. Il arrive que le cheval s'arrête sous l'influence de la crainte provenant soit d'une partie du harnachement mal ajustée, soit du poids nouveau pour lui qu'il supporte; l'aide devra alors se rapprocher, reprendre les rênes du bridon, le caresser et le décider à marcher en le déplaçant d'abord de ce côté.

On rencontre des chevaux qui ne veulent pas, d'abord, se plier à ces exercices, et qui se défendent, souvent sans qu'on puisse en expliquer la cause. Il faudra toujours avoir recours, dans ce cas, à la longe à trotter, mettre le cheval sur le cercle, libre d'abord, monté ensuite, et l'exercer jusqu'à ce qu'il montre assez de franchise pour que la longe soit supprimée. Mais ce sera toujours le cavalier dresseur qui tiendra la longe. Pendant cette leçon l'instructeur, sans éperons, évite toute espèce de correction, si le cheval se défend ou se tracasse; il s'exposerait, sans cela, à des accidents graves ou à rendre son cheval rétif.

Dressage à la longe.

On fait marcher le cheval au pas à main droite, puis à main gauche, pendant cinq ou six tours de manège à chaque main, et, quand le calme est obtenu, on exécute le même travail au trot. Les rênes du bridon sont toujours tenues égales et modérément tendues, mais il faut que la tête du cheval soit placée droit.

Avant de terminer la leçon, il faut remettre le cheval au pas un temps assez long pour le calmer. On finit en répétant la leçon du montoir.

Il faut éviter de ramener à l'écurie le cheval en sueur. Un moyen d'encourager le cheval à ces exercices sera de lui donner, au commencement et à la fin de la leçon, une poignée d'avoine, dans le manège même.

Des rênes et des jambes. — Pour apprendre au cheval la connaissance des rênes et des jambes, le cavalier se conforme aux règles qui ont été suivies pour son instruction.

Montrer d'abord au cheval l'action isolée de chaque rêne, qui produit deux effets principaux, *rêne directe* et *rêne opposée*. Lui faire voir ensuite la combinaison de l'action des deux rênes qui est la conséquence des actions isolées.

Il faut habituer le cheval à prendre un point d'appui sur le mors de bridon; mais il ne faut pas que les rênes soient trop tendues, pour ne pas empêcher la franchise dans le mouvement en avant, qu'il faut toujours entretenir au contraire. D'un autre côté, les rênes ne doivent pas être flottantes.

D'après la position naturelle de la tête du cheval, la traction exercée sur les rênes d'une manière différente, si le cheval porte au vent, le cavalier tient les poignets bas; quand il s'encapuchonne il les élève. Si le cheval se porte trop rapidement en avant, on calmera son ardeur en sciant du bridon.

Lorsque le cheval est initié à la connaissance des effets des rênes, on passe à l'étude des effets des jambes.

On lui montre d'abord l'action isolée de chaque jambe, en les fermant plus ou moins en arrière des sangles, et en appuyant, s'il est nécessaire, son action par celle de la cravache, appliquée à petits coups sur le flanc.

Cheval portant au vent.

Le cheval est habitué ensuite à l'action simultanée des deux jambes, à laquelle il doit céder en se portant en avant. Il importe beaucoup d'arriver à ce résultat, et l'attention du cavalier devra s'y attacher particulièrement ; s'il éprouvait des résistances, il insisterait longtemps sur cette partie du dressage. Plus la pression des jambes est forte et plus elle est faite en arrière des sangles, plus leur action agit sur l'arrière-main.

Le cavalier habitue ensuite le cheval au *rassembler* qui s'obtient, comme nous l'avons vu, en élevant un peu les poignets et en tenant les jambes près pour rapprocher les membres du centre de gravité en relevant la tête.

Marcher et arrêter. — Le cheval a déjà été exercé à se porter en avant à la pression des jambes; on reprend cette leçon en l'habituant à marcher d'un pas égal pour se diriger sur un point que le cavalier prend comme direction. Il faut arriver à ce que le cheval, étant rassemblé d'abord, se porte franchement en avant à la pression des jambes en arrière des sangles, en même temps que les poignets sont baissés.

Marcher.

Un aide sera toujours placé à côté du cheval, et se tiendra prêt à prendre les rênes près de la bouche, pour le porter en avant s'il résistait.

Pour arrêter, le cavalier élève les poignets en tenant les jambes près, afin d'empêcher l'arrêt de dégénérer en mouvement rétrograde.

Le cheval est exercé à marcher et à arrêter à main droite et à main gauche, sur la ligne du milieu, sur la diagonale du manège, etc. Le cavalier s'attache à ce que le cheval s'arrête droit.

L'arrêt doit se faire lentement, en éteignant l'allure.

Le cheval marchant au pas est ensuite habitué à tourner à droite ou à gauche, par l'accord des aides, qui doivent se prêter un mutuel secours, comme nous l'avons déjà vu.

Lorsque l'animal est confirmé dans l'exécution de ces mouvements élémentaires, il est exercé à les répéter au trot.

Le trot est d'abord pris très ralenti, de façon à obtenir une allure régulière et bien cadencée.

Passer du pas au trot. — Pour faire passer le cheval du pas au trot, le cavalier rassemble son cheval et augmente la pression des jambes presque simultanément, en baissant les poignets, pour permettre à l'encolure de s'allonger, sans perdre pour cela le contact de la bouche.

Si le cheval ne se livre pas parce qu'il est d'un naturel indolent, on se servira de la cravache en arrière des jambes, pour lui faire prendre le trot. Au contraire, si le cheval est vif et impressionnable, il faudra le calmer en opérant une traction moelleuse sur les rênes et en tenant les jambes près constamment, pour l'habituer à leur contact.

Le trot est pris aux deux mains alternativement et pendant le même temps, de façon à l'habituer à manier également des épaules et des hanches à main droite et à main gauche.

Pour passer du trot au pas, le cavalier emploie les mêmes moyens que pour passer du pas à l'arrêt, en habituant le cheval à ne prendre la nouvelle allure que graduellement, sans brusquerie.

Mouvements en dedans des pistes. — Les mouvements en dedans des pistes, tels que le *doubler*, la *volte*, la *demi-volte*, le *changement de main*, ont pour but d'habituer le cheval à quitter la piste, qu'il suit presque machinalement, à obéir à l'action des aides et à assouplir l'articulation de la tête, l'encolure et les hanches.

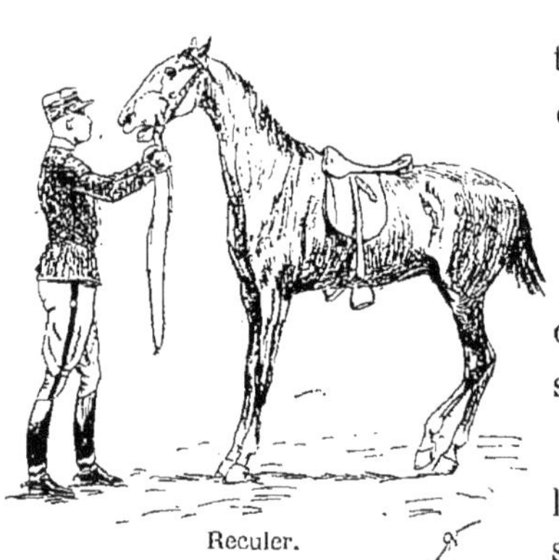

Reculer.

Ces exercices sont exécutés d'après les mêmes principes que ceux exposés pour les leçons du cavalier ; on les exécute d'abord au pas, ensuite au trot, lorsque le cheval y est suffisamment plié.

Reculer.— Ce mouvement, pour être bien exécuté, présente assez de difficultés avec certains chevaux. Pour l'obtenir, le cavalier sera à pied, les premières fois, et se servira du caveçon et de la longe, par-dessus le bridon. Se plaçant en face de la tête, il saisira les rênes du bridon passées par-dessus l'encolure, dans chaque main, et il fera sentir une traction d'avant en arrière, pour faire reculer le cheval. Si le cheval résiste, il prendra les deux rênes dans la main gauche et exécutera la même opération qu'avec les deux mains, tout en secouant légèrement la longe du caveçon avec la main droite. Il pourra aussi se servir de la cravache à petits coups sur les membres antérieurs.

Le cheval ne reculera pas droit d'abord, — on n'obtiendra ce résultat qu'après quelques leçons. Il faudra donc beaucoup de patience, et le cavalier finira cette leçon en faisant reculer le cheval monté. Pour cela, étant sur la ligne du milieu du manège, il élève la main par degrés pour sentir la bouche du cheval et fait sentir la pression des jambes jusqu'à ce que le cheval soit prêt à avancer. Au moment où le cheval va porter un pied en avant, le cavalier opère sur les rênes une traction qui détermine ce même pied à se porter en arrière. En même temps, le poids de l'avant-main se porte sur l'arrière-main, la tête et l'encolure étant attirées de ce côté. Dès que le cheval a fait un pas rétrograde, baisser les poignets et caresser.

Nous avons vu que, si le cheval résistait au reculer, il serait bon de le déterminer en avant sur quelques pas et de profiter de ce déplacement pour faire agir les mains, ou bien encore, au lieu de le porter en avant, de déplacer d'abord ses hanches, en fermant une jambe. Que s'il recule trop vite, les mains cessant d'agir, les jambes augmenteront leur pression. Enfin, si le cheval reculait de travers, en jetant les hanches de côté, il serait nécessaire de fermer la jambe du même côté et, si ce moyen ne suffisait pas, il faudrait opposer les épaules aux hanches.

Cheval s'acculant.

Il est très important d'éviter l'acculement qui se produirait inévitablement si le cavalier exagérait la position en arrière de la tête et de l'encolure, au moment où il fait sentir la traction des rênes, pour porter le poids de l'avant-main en arrière.

On ne doit pas insister trop longtemps sur le reculer, qui a pour effets d'user l'arrière-main et de provoquer des défenses dangereuses lorsqu'on en abuse; mais, employé judicieusement et avec modération, cet exercice a les meilleures conséquences pour le dressage du cheval en donnant aux reins la souplesse et le liant si nécessaires pour les changements d'allure ou de direction.

Allongement du pas et du trot; ralentissement des mêmes allures. — Le cheval est exercé à allonger le pas sur des lignes de même étendue qu'au pas ordinaire, qui seront parcourues dans un temps moindre. L'encolure y gagnera en extension, et le mouvement des épaules deviendra plus libre; c'est un très bon exercice auquel le jeune cheval ne peut que gagner par l'allègement de l'arrière-main.

Le cavalier lui apprendra ensuite à ralentir le pas, en le faisant marcher à pas comptés, en élevant la main et en tenant les jambes près, de façon à sentir le lever et le poser de chaque pied. Ce mouvement, dans lequel le poids de l'avant-main reflue sur l'arrière-main, a l'avantage d'alléger le devant.

Pour allonger le trot, nous avons appris les moyens à employer; le cavalier y soumettra son élève, mais sans jamais pousser le trot à sa vitesse extrême, ce qui aurait l'inconvénient de détraquer les allures. Il aura soin de faire trotter alternativement son cheval sur l'un ou l'autre bipède diagonal, et pendant des temps sensiblement égaux, afin de ne pas fatiguer le bipède diagonal droit plus que le bipède diagonal gauche. Il habituera donc sa monture à partir tantôt du pied gauche, tantôt du pied droit. Il sera bon de trotter sur le bipède diagonal droit en travaillant à main gauche, dans un manège, et sur le bipède diagonal gauche quand on travaillera à main droite.

La longe sera employée avec succès, pour le développement du trot, chez certains chevaux qui ne se livrent pas toujours au début, étant montés.

Travail à la longe.

Pour ralentir le trot, le cavalier diminue graduellement l'action des jambes, en rapprochant les poignets du corps, mais sans descendre à l'allure du pas, ou pour empêcher le cheval de contracter l'habitude de *trottiner*. Malgré son ralentissement, le trot doit toujours être franc, exempt de raideur et cadencé.

Entre temps, on habitue le cheval à partir au trot, étant de pied ferme en le rassemblant d'abord, puis en passant rapidement, par l'action des jambes et l'abaissement des poignets, à la nouvelle allure.

On lui apprend également à passer du trot à l'arrêt consécutivement, et, sans interruption, les moyens indiqués pour passer du trot au pas et du pas à l'arrêt, en veillant à ce que le mouvement ne dégénère pas en recul.

De l'éperon. — Pour apprendre au jeune cheval à subir et à comprendre l'usage de l'éperon, et pour pouvoir le contenir, s'il le faut, le cavalier lui donne cette leçon à l'aide du caveçon. Le cheval est tenu à la longe et monté par un aide, auquel il est dit de fermer les jambes pour faire sentir, en même temps, les deux éperons. Le cheval doit répondre en se portant en avant. S'il se défend, le cavalier lui fera sentir l'action saccadée du caveçon, et recommencera jusqu'à ce qu'il se porte en avant. Si le cheval recule, le cavalier l'attirera en avant avec la longe. Beaucoup de tact, de douceur jointe à la fermeté, seront utiles pour mener à bien cette leçon, qui ne prendra fin que lorsque le cheval se portera en avant très franchement sous l'action de l'éperon.

Travail de deux pistes. — Dans le travail de deux pistes, les épaules et les hanches parcourent deux pistes parallèles ou concentriques, soit que le cheval appuie ou qu'il exécute un demi-tour sur les épaules ou sur les hanches. Ces mouvements sont utiles pour apprendre au cheval à se perfectionner dans l'obéissance à l'action des aides; ils servent aussi à faciliter le départ au galop sur tel ou tel pied.

On commencera par habituer le cheval à déplacer les hanches autour des épaules, ensuite les épaules autour des hanches, autrement dit demi-tour par l'arrière-main et demi-tour par l'avant-main. Lorsque l'animal sera suffisamment initié à l'habitude de mobiliser séparément l'avant-main et l'arrière-main, on lui apprendra à les mouvoir simultanément, dans l'*épaule au mur* et l'*épaule en dedans*. Ce travail sera complété par l'étude de la *pirouette renversée* et par celle de la *pirouette ordinaire*.

Les voltes, les demi-voltes et les contre-changements et changements de main de deux pistes seront d'une grande utilité pour rendre le jeune cheval léger à la main et souple.

Voltes.

Le cheval exécute tous ces mouvements d'abord au pas, ensuite au trot.

Départs au galop. — L'allure du galop a été préparée par tous les exercices précédents et viendra compléter l'éducation du cheval. Les principes que nous avons appliqués pour l'instruction du cavalier s'adaptent à l'éducation du jeune cheval pour la leçon du galop. On commence par traverser le cheval, en le plaçant obliquement sur la piste, de façon que l'épaule du côté où le cheval doit entamer le galop soit en avant de l'autre. Dès que le cheval est parti au galop, le cavalier rend un peu la main, tout en ne perdant pas le contact de la bouche et continue à avoir les jambes près, pour entretenir l'allure.

Départ au galop.

Quand le cheval résiste à donner le départ au galop, la jambe gauche fera sentir son effet davantage, jusqu'à l'éperon au besoin, la main agissant toujours de même. On peut employer aussi la cravache en donnant deux ou trois légers coups sur l'épaule du dedans. Les départs au galop à droite et à gauche étant obtenus d'une façon satisfaisante sur la piste,

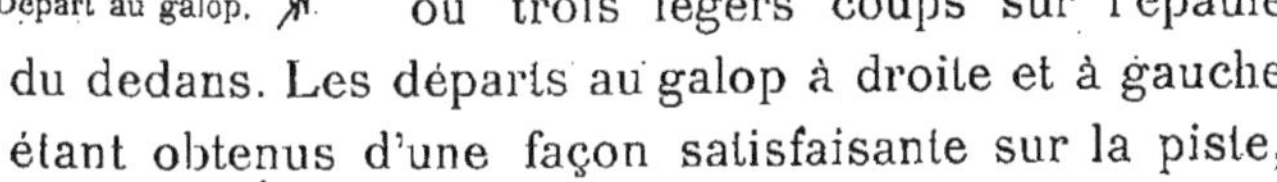

on les recommence sur la ligne du milieu ou sur la diagonale.

Les premières fois, le galop sera assez allongé pour empêcher le cheval de se traverser. On le ramènera ensuite à une cadence plus ralentie, pour le travail du manège.

Les temps de galop ne doivent pas être trop longs et il est bon de les couper de pas et de trot.

Le travail en cercle sera un très bon exercice pour assouplir le cheval, et l'usage de la longe pourra donner de la cadence au galop; aussi ne devra-t-on pas négliger son emploi.

Lorsque le jeune cheval accomplira tous ces exercices avec facilité et souplesse, on le fera galoper *à faux,* c'est-à-dire à droite en tournant à main gauche et vice versa. Cette manière de galoper a l'avantage d'empêcher le jeune cheval de prendre l'habitude de galoper désuni. En galopant à faux, les coins devront être *arrondis*, pour éviter les chutes.

Changements de pied. — Les changements de pied s'obtiendront facilement en observant la gradation qui consiste à mettre le cheval au galop, à droite par exemple, sur la diagonale; à le faire passer au pas en arrivant sur le grand côté, sur une longueur de deux ou trois mètres, pour repartir ensuite au galop à gauche; à diminuer insensiblement la longueur parcourue au pas, pour arriver à la faire disparaître.

Pour la bonne exécution du changement de pied, il faut éviter que le cheval ne s'anime ou qu'il ne se désunisse.

Quand le mouvement a été obtenu sur la ligne diagonale, on le répète sur la ligne du milieu ou sur la piste. Il faut bannir de ce travail toute brusquerie; il doit se faire sans effort apparent. Au galop ralenti on arrivera à changer de pied tous les quatre, trois ou même deux pas. Enfin, on arrivera au changement de pied au temps; mais il ne faudra pas abuser de ce travail très fatigant pour le cheval.

Changements de pied.

Mouvements divers au galop. — Le jeune cheval est exercé à exécuter au galop des voltes, demi-voltes, doublers, changements et contre-changements de main.

Plus tard, quand il est bien confirmé dans le galop sur l'un et l'autre pied, que ses hanches et ses épaules sont assouplies à un degré suffisant, on pourra entreprendre un travail modéré de deux pistes à cette allure; il est important d'avoir une grande attention à ce que le cheval ne prenne pas l'habitude de se traverser durant ce travail.

TRAVAIL EN BRIDE

Nous avons maintenant acquis des résultats suffisants dans le dressage du jeune cheval pour l'initier à la connaissance de la bride. Sur les précautions à prendre pour emboucher le cheval, nous n'avons qu'à nous reporter à ce qui a été dit déjà.

Le cavalier apportera toute son attention à cette partie importante, de façon que la transition du bridon à la bride soit moins brusque. Pour éviter la sensation pénible, la première fois que le cheval est embouché de cette manière il importe beaucoup de se rendre compte de la conformation des barres et d'approprier le mors de bride à leur plus ou moins grande saillie et à leur largeur. La gourmette, de même, aura d'autant plus d'effet que la peau du menton sera moins épaisse à la barre. On aura avantage, dans tous les cas, à prendre d'abord un mors doux, à canons épais, avec une liberté de langue peu sensible et des branches courtes. Au début, le mors sera placé dans la bouche, plus près des molaires que des crochets, et la gourmette ne sera pas serrée. Dès qu'on verra que le cheval accepte cette nouvelle manière de l'emboucher, on pourra descendre un peu le mors et le rapprocher des crochets en serrant un peu la gourmette.

Travail au bridon.

Le mors de filet ayant les mêmes effets que le mors de bridon, le jeune cheval est déjà initié à leur connaissance.

Tenue des rênes. — Le cavalier tient les rênes d'après

les règles qui ont été données, de façon à habituer de suite le cheval à connaître les effets combinés du mors de bride et de filet. Mais, pour exécuter les assouplissements de la tête et de l'encolure, il sera préférable de les tenir toujours de la manière suivante dans la main gauche : le filet est pris à pleine main dans la main gauche, et les rênes de bride ajustées dans la même main, le doigt annulaire entre les deux rênes ; la main de bride est placée au-dessus du pommeau de la selle, les quatre rênes également tendues, le petit doigt agissant surtout sur la rêne gauche du filet qui est en dehors et au-dessus de la rêne de bride du même côté; la rêne droite de filet est prise par le petit doigt et l'annulaire de la main droite pardessus la rêne de bride; celle-ci est tenue avec le médius et le premier doigt réunis. Le cavalier tient la main droite les ongles en dessous, le bras demi-tendu.

Les rênes tenues de cette façon, le cheval répète les exercices qu'il a exécutés en bridon, tels que les à-droite, les à-gauche, les changements de main, la marche circulaire, au pas d'abord, ensuite au trot.

Conduire sur la rène de bride seule.

Lorsque le jeune cheval est familiarisé avec les effets du mors et qu'il a exécuté tous les mouvements précédents avec docilité, le cavalier lui demande le même travail sur la bride seule, une rêne dans chaque main, s'en servant pour tourner par l'ouverture d'une des rênes, et l'appui de l'autre, comme pour le bridon. Enfin le cavalier prend les deux rênes de bride dans la main gauche et recommence le travail précédent; si le cheval a de l'hésitation dans un mouvement, les rênes de bride sont reprises séparées pour s'en servir comme il vient d'être dit.

Assouplissement de la tête et de l'encolure.

Assouplissement de la tête et de l'encolure. — Nous avons vu que les assouplissements de la tête et de l'encolure ont pour effet de rendre la tête légère et de faciliter à l'encolure sa détente en avant afin de favoriser la locomotion, surtout aux allures vives;

Et, d'autre part, que, dans les ralentissements d'allure, les arrêts et les mouvements raccourcis, l'encolure se relève en se rouant à sa partie supérieure par l'effet des mêmes assouplissements.

Pour arriver à ces résultats, le cavalier assouplira d'abord la tête par des déplacements latéraux sur l'encolure restant immobile et par son placé vertical dans le plan médian du corps; ensuite il passera à l'extension et au redressement de l'encolure sur le tronc, puis aux descentes de main latérales à droite et à gauche et au redressement la tête en arrière à droite et en arrière à gauche; enfin il terminera en répétant le travail précédent et en insistant sur les assouplissements commandés soit par le défaut d'instruction du cheval, soit par l'ensemble de sa conformation.

La *Méthode progressive de dressage du cheval*, de M. le commandant Dutilh, d'où nous tirons ces principes, donne des explications et des développements très complets sur ce sujet, dont nous ne pouvons indiquer que la progression, dans notre cadre restreint.

Sauts d'obstacles. — Le cheval de selle est exercé d'abord à sauter en liberté, suivi par son instructeur tenant la chambrière.

A cet effet, il est nécessaire d'avoir une série d'obstacles installés entre des murs assez élevés, ou au moins des talus. Ces obstacles, dont la hauteur ou la largeur seront d'abord faibles et au nombre de deux pour commencer, tels qu'une barre et un petit fossé, seront franchis facilement par le jeune cheval. A l'extrémité du couloir se trouvera un aide qui le reprendra et lui donnera comme récompense une poignée d'avoine. La barre sera élevée insensiblement et la largeur du fossé sera augmentée de même. Ensuite le cheval sautera monté.

Si le cheval montre de la docilité à cet exercice, le nombre des obstacles sera augmenté peu à peu, et on y ajoutera une haie, un mur en pierre, une douve, un mur en terre, etc.

Le saut d'obstacles doit avoir lieu à la fin des leçons,

de façon à exploiter l'appât du repos qui suit le travail, lorsque le cheval est démonté pour rentrer à l'écurie.

Cheval passant l'obstacle à la longe.

Il y a des chevaux qui refusent de sauter : dans ce cas on aura recours à la longe et au caveçon.

Un aide tenant la longe se fera suivre par le cheval et l'acheminera vers la barre, posée à terre d'abord; derrière marchera le cavalier muni de la chambrière. L'aide passera par-dessus la barre sans se retourner et, si la longe ne se tend pas, c'est que le cheval le suit; dès qu'il aura sauté, on le caressera. Le fossé sera franchi de la même manière.

Mais si le cheval ne saute pas, s'il se jette de côté ou s'il recule, l'aide l'obligera par des oppositions à se placer perpendiculairement à l'obstacle. Cela fait, il rendra la main, pour que le cheval puisse flairer l'obstacle et en voir la nature. Le cavalier agitera alors la chambrière légèrement pour que le cheval se porte en avant, avec calme cependant, pour sauter. Les indications de la chambrière devront donc être limitées, faute de quoi l'animal mettrait trop de précipitation dans le saut et l'exécuterait d'une façon maladroite. Après le saut, caresses et poignée d'avoine.

La hauteur de la barre et la largeur du fossé sont

ensuite augmentées graduellement à chaque leçon. Il faut arriver à ce que le cheval, arrivant franchement sur l'obstacle, le saute à une légère traction de la longe.

Quand ce résultat sera obtenu, les mêmes exercices seront repris le cheval monté, avec un poids léger au début. La même progression sera suivie, et les mêmes moyens employés.

Le cavalier tient alors la longe et fait monter le cheval par un aide ayant assez de liant et de solidité pour rendre la main au moment du saut, et pour éviter toute saccade lorsque le cheval arrive à terre. Sans ces précautions, l'animal pourrait être définitivement dégoûté du saut d'obstacles.

Enfin le cheval monté est exercé à sauter, d'abord, deux ou trois obstacles au plus, sans le secours de la longe. On lui fait sauter à la leçon suivante les obstacles qui restent. Puis, dans une autre séance, la série complète est franchie.

Cheval bourrant à l'obstacle.

En envisageant la manière de sauter de chaque cheval, on voit que beaucoup d'entre eux se précipitent sur l'obstacle et l'abordent mollement.

Les chevaux qui bourrent sur l'obstacle sont dangereux quand il est fixe, comme un mur ou une barrière, parce qu'ils ne s'enlèvent généralement que très peu. Pour obvier à cet inconvénient il faudra mettre le cheval au pas, le caresser, et même l'arrêter, au besoin, et ne lui laisser la liberté nécessaire pour s'enlever qu'à 4 ou 5 mètres de l'obstacle. Le remettre ensuite au pas et le caresser encore.

Lorsque ce moyen ne suffit pas, il faut recourir à la longe pour calmer le cheval qui bourre sur les obstacles, en leur donnant plus de hauteur, pour le rendre plus prudent.

Les chevaux qui abordent l'obstacle mollement sont généralement paresseux et doivent être stimulés vigoureusement et mis à un galop assez allongé pour le saut. On ne leur fera franchir que deux ou trois obstacles à chaque séance, jusqu'à ce qu'ils aient acquis assez de vigueur et d'adresse pour passer toute la série. Pour conduire le jeune cheval sur l'obstacle, le cavalier ne se servira jamais de la bride seule ; il fera dominer l'action du filet ou bien se servira des quatre rênes, pour mieux contenir le cheval qui bourre sur l'obstacle ou celui qui cherche à se dérober.

TRAVAIL A L'EXTÉRIEUR

Les promenades du jeune cheval au dehors peuvent être entreprises dès qu'il a reçu les premières leçons en bridon. Elles se feront d'abord au pas, et la distance parcourue sera d'environ dix à douze kilomètres, y compris l'aller et le retour. On choisira de préférence les accotements de routes, d'un sol plus élastique que le milieu de la chaussée. Le temps de la promenade sera interrompu, vers le milieu, par une halte de quelques minutes pendant laquelle le cavalier mettra pied à terre, caressera son cheval et répétera la leçon du montoir sans le secours d'aucune aide. Au bout de quatre ou cinq jours, le cheval sera mis au trot pendant trois ou quatre kilomètres et en laissant un intervalle à peu près égal de pas pour le départ et pour la rentrée à l'écurie. Le trot employé sera soutenu, mais non point allongé. Au bout d'une dizaine de jours, le jeune cheval trottera un peu plus longtemps, c'est-à-dire que le tiers de la promenade sera fait à cette allure et le reste au pas. On mettra toujours pied à terre avant de tourner bride pour rentrer et on visitera les pieds du cheval pour s'assurer qu'il n'a pas de cailloux pris entre le fer et la sole, ou qu'il n'est pas déferré. La leçon du montoir sera reprise, comme précédemment. Au bout de quinze jours, la promenade aura lieu moitié au trot moitié au pas, en parcourant la distance dix minutes à chaque allure. De temps à autre le pas et le trot seront allongés, mais sans exagération, pour ne pas mettre le cheval hors de ses aplombs.

Travail à l'extérieur.

Vingt jours environ après le commencement de ces sorties, on ajoutera au travail qui précède des départs au galop, par allongement du trot. Le galop ne sera pas soutenu plus de cinq à six minutes consécutives, et le cavalier ne s'attachera pas à savoir sur quel pied son cheval galope, ni à cadencer l'allure.

Conduite dans les mauvais chemins.

Le cheval sera conduit dans des terrains accidentés et semés de pierres, dans lesquels on ne le fera marcher qu'au pas ou au trot ralenti. Les montées et les descentes seront toujours passées au pas ; le cavalier laissera à son cheval une grande liberté pour développer son adresse, et devra s'en rapporter beaucoup à son initiative, tout en ayant toujours les aides vigilantes, dans les terrains difficiles, présentant des monticules, des rochers, des pierres, des dépressions, etc. Il s'efforcera donc, surtout pendant le dressage, à réveiller toujours l'instinct du cheval pour surmonter les difficultés que peut présenter le sol.

Le travail qui précède sera fait pendant une dizaine de jours et terminera la série des exercices à l'extérieur. A ce moment, les facultés respiratoires et le système musculaire du cheval seront arrivés à un développement suffisant pour lui permettre de supporter les fatigues qui peuvent lui être imposées, aussi bien au manège qu'au dehors.

Telle est, résumée dans ses principes essentiels, la science de l'équitation moderne. Il n'est pas d'application si haute et si raffinée d'un art charmant qui ne découle naturellement de ces prémisses. Tout néophyte qui s'attachera à les appliquer dans l'ordre même où nous les avons établies parviendra rapidement à s'en pénétrer, soit qu'il s'exerce seul, soit qu'il s'aide, comme cela vaut toujours mieux, des conseils et de l'expérience d'un maître éprouvé. Il ne tiendra dès lors qu'à lui de s'initier graduellement aux petits secrets qui font d'un écuyer consommé un véritable artiste. C'est surtout en matière d'équitation que beaucoup de pratique est toujours préférable à la théorie, — à la condition que les principes soient bons et religieusement observés. Quant aux plaisirs et aux avantages de tout ordre qu'un adepte de l'art équestre tire de ces connaissances, il n'en est pas de plus généralement appréciés, et il serait superflu d'y insister ici.

Table des Matières

PARIS

LIBRAIRIES-IMPRIMERIES RÉUNIES

2, rue Mignon. — 6062.

10 Mars 30

BIBLIOTHEQUE NATIONALE DE FRANCE
3 7502 01595658 6

www.ingramcontent.com/pod-product-compliance
Ingram Content Group UK Ltd.
Pitfield, Milton Keynes, MK11 3LW, UK
UKHW012204240726
13966UKWH00002B/559